Die Farben der Natur

Die Farben der Natur

Warum die Erde bunt ist

Herausgegeben in Zusammenarbeit mit
natur – Das Magazin für Natur,
Umwelt und besseres Leben

wbg THEISS

Die Deutsche Nationalbibliothek verzeichnet diese Publikation
in der Deutschen Nationalbibliografie; detaillierte bibliografische
Daten sind im Internet über www.dnb.de abrufbar.

wbg THEISS ist ein Imprint der wbg.

© 2021 by wbg (Wissenschaftliche Buchgesellschaft),
Darmstadt

Die Herausgabe des Werkes wurde durch die Vereinsmitglieder
der wbg ermöglicht.

Projektleitung: Andrea Stegemann (V.i.S.d.P.)
Redaktion: Edith Luschmann
Autor:innen: Benjamin von Brackel, Marieluise Denecke,
Christian Jung, Andrea Mertes, Monika Offenberger, Martin Rasper,
Ralf Stork, Henrike Wiemker
Bildredaktion: Julia Rietsch, Verlagsbüro Wais & Partner, Stuttgart
Satz: Melanie Jungels, TYPOREICH – Layout- und Satzwerkstatt, Nierstein
Umschlagabbildungen: links: Schafstelze (*Motacilla flava*) im Tulpenfeld,
Okapia / imageBROKER | Richard Dorn; rechts: Nordlicht (*Aurora borealis*),
Peter Mather / ARDEA / OKAPIA
Umschlaggestaltung: Jutta Schneider, Frankfurt a. M.
Abb. auf S. 2: Zufluss der Isar in den Sylvensteinsee bei Lenggries, picture
alliance / imageBROKER | Martin Siepmann

Gedruckt auf säurefreiem und alterungsbeständigem Papier
Printed in Europe

Besuchen Sie uns im Internet: www.wbg-wissenverbindet.de
ISBN 978-3-8062-4377-2

Elektronisch sind folgende Ausgaben erhältlich:
eBook (PDF): 978-3-8062-4451-9

Inhalt

Schlucht im Farbenrausch

Der Antelope Canyon in Arizona, USA, ist eine enge Schlucht, geschaffen durch die Kraft eines Flusses. Den oberen Teil der Klamm nennen die Navajo „Tse' bighanilini" – „Der Platz, an dem das Wasser durch die Felsen strömt." Denn nach starken Regenfällen rauschen die Wassermassen durch die Schlucht. Die meiste Zeit des Jahres jedoch liegt sie trocken unter der brennenden Sonne des Südwestens der Vereinigten Staaten. Aus der Luft betrachtet, ist an manchen Stellen kaum mehr als ein großer, wulstiger Riss im Boden zu erkennen. Die ganze Pracht erschließt sich nur dem, der die Felsklippen von innen erkundet – insbesondere im oberen Bereich, dem Upper Antelope Canyon. In das leicht erodierbare Gestein hat das Wasser über die Jahrmillionen einzigartige Formen geschliffen. Wie erstarrte Wellen winden sich die Wände in die Höhe, die einzelnen Schichten des Gesteins erwecken den Anschein, als würden sie noch fließen. Doch erst das richtige Licht macht das Naturschauspiel perfekt. Wenn die Sonne nahezu senkrecht steht und von oben durch den Spalt fällt, explodieren auf einmal die Farben. Die Sonnenstrahlen stehen im Raum und lassen den roten Sandstein in all seinen Facetten leuchten; wie ein Scheinwerfer, der ein Kunstwerk erst in Szene setzt.

Unter der Haut

Eine Struktur aus Kreisen und Ovalen, ein Farbverlauf von Grün zu Gelb – ein Kunstwerk der Natur. Und zwar eines, das nicht immer so aussieht wie in diesem Moment. Diese Makroaufnahme zeigt die Haut eines Chamäleons, des bekanntesten, wenn auch bei Weitem nicht einzigen Farbwandlers im Tierreich. Während die Grundfärbung etwas über den Lebensraum verrät, dient eine Veränderung des Aussehens der Kommunikation oder ist Ausdruck von Emotionen. So erscheinen Chamäleonmännchen in ganz besonders bunten, auffälligen Farben, wenn es zur Konfrontation mit einem Rivalen kommt. Dann lassen sie Streifen aufleuchten oder wechseln schnell ihre Kopffarbe. Der Schlüssel für diese außergewöhnliche Fähigkeit liegt in besonderen Farbzellen, die viele kleine Nanokristalle enthalten. Ändert sich der Abstand zwischen ihnen, ändert sich auch das Spektrum des Lichts, das reflektiert wird – und damit die Farbe. Entzaubert ist das Chamäleon mit dieser physikalischen Erklärung aber noch lange nicht. Wie es das Kristallgitter beeinflusst, ist bisher noch unklar.

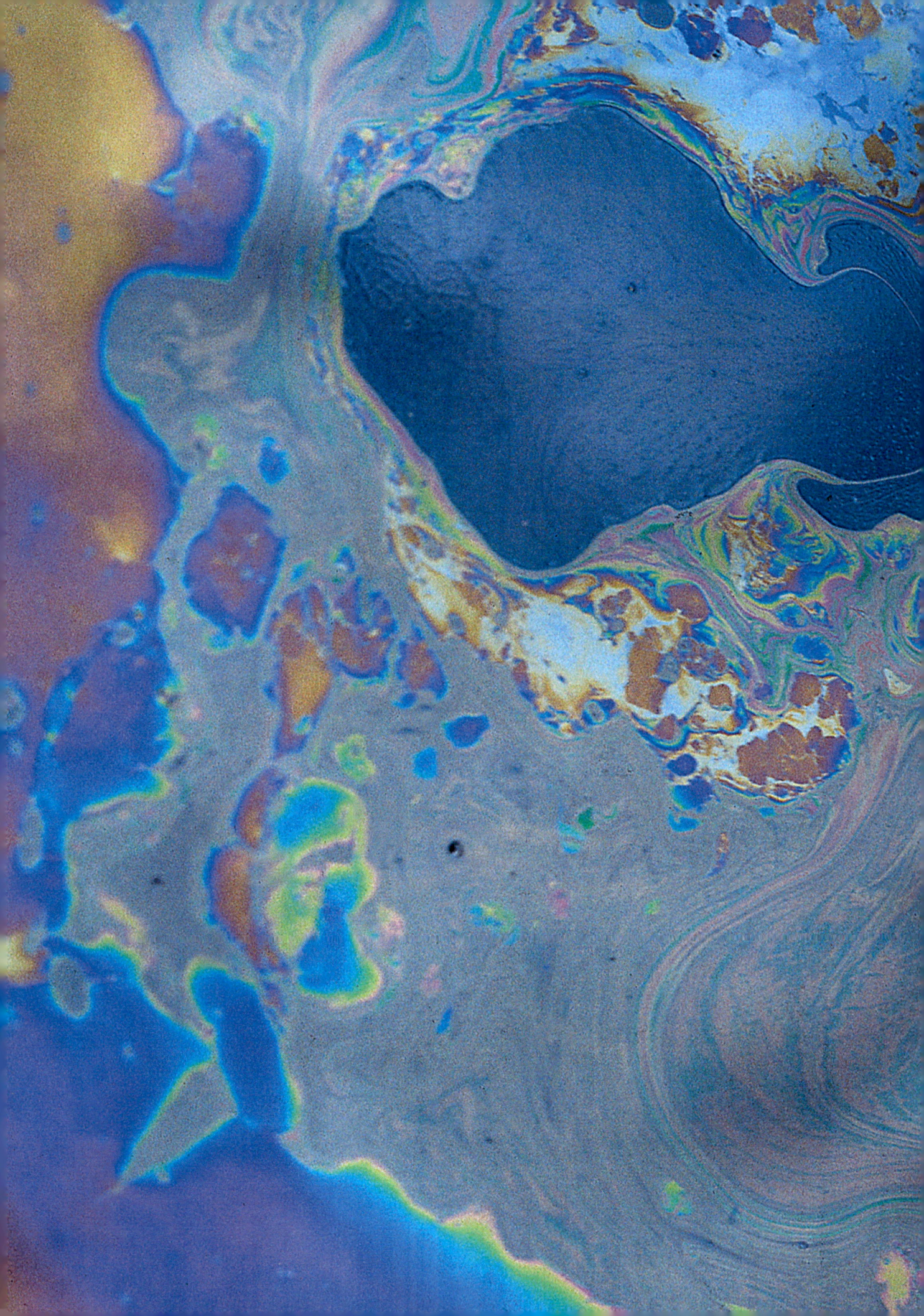

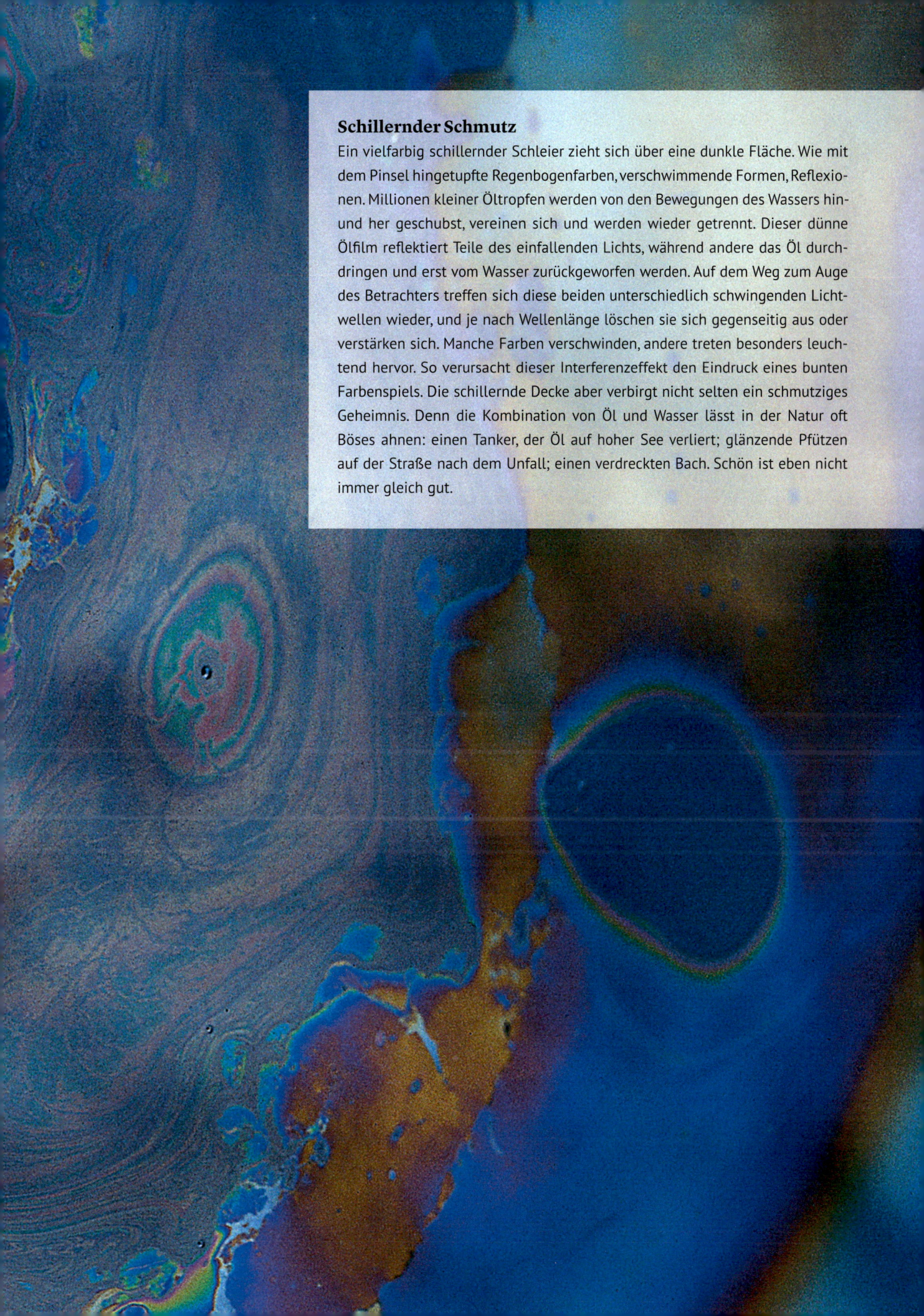

Schillernder Schmutz

Ein vielfarbig schillernder Schleier zieht sich über eine dunkle Fläche. Wie mit dem Pinsel hingetupfte Regenbogenfarben, verschwimmende Formen, Reflexionen. Millionen kleiner Öltropfen werden von den Bewegungen des Wassers hin- und her geschubst, vereinen sich und werden wieder getrennt. Dieser dünne Ölfilm reflektiert Teile des einfallenden Lichts, während andere das Öl durchdringen und erst vom Wasser zurückgeworfen werden. Auf dem Weg zum Auge des Betrachters treffen sich diese beiden unterschiedlich schwingenden Lichtwellen wieder, und je nach Wellenlänge löschen sie sich gegenseitig aus oder verstärken sich. Manche Farben verschwinden, andere treten besonders leuchtend hervor. So verursacht dieser Interferenzeffekt den Eindruck eines bunten Farbenspiels. Die schillernde Decke aber verbirgt nicht selten ein schmutziges Geheimnis. Denn die Kombination von Öl und Wasser lässt in der Natur oft Böses ahnen: einen Tanker, der Öl auf hoher See verliert; glänzende Pfützen auf der Straße nach dem Unfall; einen verdreckten Bach. Schön ist eben nicht immer gleich gut.

Welt und Mensch

Unsere Erde aus
dem Weltall:
Diese Aufnahme
wurde als „Blue
Marble" – blaue
Murmel – weltbe-
kannt.

Erdgeschichte in Farben

Monika
Offenberger

Blaue Ozeane, weiße Kalkfelsen, schwarzer Boden – anhand seiner Farben lässt sich die Entstehung unseres Planeten gut nachzeichnen. Was rote Erde mit Blut zu tun hat und warum Grün dem Leben eine neue Richtung gab.

Aus 45 000 Kilometern Entfernung sieht man auf der Erde keine Landesgrenzen, keine Städte und schon gar keine Menschen. Man sieht nur Farben. Und vor allem sieht man Blau – die Farbe der Ozeane, die zwei Drittel des Planeten bedecken. So sehr dominiert sie den Anblick, dass das Bild, das die Astronauten der Apollo-17-Mission 1972 aufgenommen hatten, als „Blue Marble" bekannt wurde. Aber auch die anderen Farben des Spektrums sind auf der Murmel vertreten: Der eisbedeckte Südpol präsentiert sich in strahlendem Weiß, ebenso wie die Wolken, die wie zarte Schleier über Land und Wasser schweben. Und darunter liegt der afrikanische Kontinent mit seinen grünen Wäldern und rostroten Wüsten.

Überhaupt beherrschen Grün und Rot in einer Vielzahl von Schattierungen die Landmasse. Grün steht dabei für das Leben: Es stammt von den Pflanzen, die überall dort die Erdoberfläche bedecken, wo sie genügend Wasser, Wärme und Mineralstoffe finden. Rot dagegen steht für das unbelebte Gestein, für die lebensfeindlichen Wüsten und Halbwüsten. Die beiden Komplementärfarben scheinen getrennte Welten zu verkörpern. Doch ein tieferer Blick auf den Ursprung der Erde zeigt, wie eng tote und lebende Materie verwoben sind und einander bedingen.

Als unsere Sonne und ihre Planeten vor etwa 4,6 Milliarden Jahren entstanden, formte sich auch die Erde aus einer dichten kosmischen Staubwolke zu einem um sich selbst rotierenden Ball. Unter dem Dauerbeschuss von Meteoriten und durch den Zerfall radioaktiver Elemente heizte sie sich immer weiter auf, bis sie zum größten Teil geschmolzen war. Ihre schwersten Bestandteile – darunter Nickel und vor allem Eisen, das heute rund ein Drittel der Erdmasse

ausmacht – sanken ins Zentrum ab und bildeten den Erdkern. Leichtere Elemente wie Sauerstoff, Silizium und Aluminium formierten sich an der Oberfläche zur Erdkruste. Doch auch diese harte Gesteinsrinde enthält noch beträchtliche Mengen an Eisenmineralen. Sie sind es, die im Verbund mit anderen Elementen eine Vielzahl von Farbtönen hervorbringen.

Diese Eisenfarben zeigen sich eindrucksvoll am „Cerro de los Siete Colores", dem „Berg der sieben Farben" im äußersten Nordwesten Argentiniens. Besonders in der Abendsonne leuchten seine Felsen wie ein impressionistisches Gemälde in violetten, grünen, braunen, gelben und roten Tönen – je nachdem, ob Kupferoxide, Schwefel oder Mangan beigemischt sind.

Die Geburt der Kunst

Rote Erdfarben sind in aller Welt am Weitesten verbreitet. Inmitten Australiens, des „roten Kontinents" erstreckt sich auf einer Fläche von rund einer Million Quadratkilometern eine Halbwüste aus rotem Sand, das „Red Centre". Hier liegt auch eines der bekanntesten Wahrzeichen Australiens, der „Ayers Rock" oder „Uluru". Er gilt Australiens Ureinwohnern als heilige Stätte, und ihre Vorfahren haben schon vor Jahrtausenden seine Höhlen bemalt.

In diesen Felszeichnungen werden Legenden von der Erschaffung Australiens, seiner Landschaft und ihrer Geschöpfe erzählt. In einigen Regionen ist es noch heute Brauch, diese Bildergeschichten zu übermalen und zu erneuern. Die Künstler arbeiten bewusst mit überlieferten Techniken und verwenden natürliche Pigmente aus farbigen Erden, die es in der unmittelbaren Umgebung reichlich gibt: Schwarze Pigmente lassen sich aus Manganerzen gewinnen, außerdem

Die Minerale Kupfer, Kalk, Eisen, Schwefel und Mangan verleihen dem Berg der sieben Farben in Argentinien sein beeindruckend buntes Panorama.

aus verkohlten Pflanzen, Knochen, Horn und Zahnbein. Die meisten anderen Farben stammen von eisenhaltigen Mineralien, die zu feinem Pulver vermahlen

Verschiedene Ockerfarben lassen die Bisons von Altamira so plastisch erscheinen.

werden: Rot kommt vom Hämatit, Gelb vom Goethit, Braun vom Limonit. Damit diese Pigmente auf der rauen Felsoberfläche haften, bindet man sie mit Kalk und Wasser, oft auch mit Blut, Milch, Pflanzensäften oder Harz.

Höhlenmalereien finden sich auf allen Kontinenten. Zu den bekanntesten gehören die roten Bisons in der Höhle von Altamira in Spanien. Das älteste bislang bekannte Wandbild entstand vor mindestens 45 500 Jahren auf der indonesischen Insel Sulawesi. Es zeigt ein borstiges Schwein mit Warzen im Gesicht, daneben die Umrisse zweier menschlicher Hände. Allerdings hat der *Homo sapiens* bereits viel früher rote Pigmente bei kultischen Handlungen benutzt. Darauf deuten Spuren roten Ockers hin, die unsere Vorfahren vor rund 164 000 Jahren zusammen mit den Resten verschiedener Meeresfrüchte in einer Höhle an der Küste des heutigen Südafrika hinterlassen haben.

Rote Farben lassen sich überall auf der Welt leicht herstellen. Denn rote Erdpigmente gibt es in den Halbwüsten Australiens ebenso wie in den Appalachen Nordamerikas, in den rostroten Lateritböden Afrikas, den Ockersteinbrüchen der Provence, den

Rötel-Gruben der griechischen Insel Lemnos oder als „Terra rossa" und goldgelbe „Terra di Siena" in Italien. Die natürlichen Pigmente sind außergewöhnlich lichtecht und wetterfest. Diese Eigenschaften wussten nicht nur die Künstler der Stein- und Bronzezeit zu schätzen, sondern auch ihre Kollegen – und Kolleginnen – aus jüngerer Zeit. Die alten Ägypterinnen färbten ihre Lippen mit Rötel, und in einigen Ländern Afrikas bemalen die Frauen noch heute ihre Hauswände mit rotem und gelbem Ocker.

Rote Erdfarben sind nicht nur leicht zu beschaffen, ungiftig und extrem lange haltbar. Sie haben darüber hinaus hohe Symbolkraft: Rot galt unseren Vorfahren als die Farbe des Lebens und der Fruchtbarkeit. So jedenfalls erklären Archäologen die häufigen Funde von rotem Ocker in steinzeitlichen Gräbern. Oft sind die Schädel der Verstorbenen mit Rötel gefärbt, zum Beispiel in einem Grab bei Dolní Věstonice in der Tschechischen Republik, wo vor mehr als 27 000 Jahren ein Mädchen gemeinsam mit zwei jungen Männern bestattet wurde. Anderswo liegt das rote Pigment, oft kiloweise, neben den Skeletten am Boden. Oder es bettet sie ein, wie im Falle jener 33 Schädel, die seit fast 10 000 Jahren in einer Art rot gepudertem Nest in der großen Ofnet-Höhle am Rande des Nördlinger Ries' liegen. Noch heute ist unter dem Namen „Caput mortuum" (lateinisch: Totenkopf) ein blaustichiges, dunkles Eisenoxidrot im Handel, das an die Farbe von geronnenem Blut erinnert. Sollten die roten Eisenfarben in den steinzeitlichen Gräbern den Verstorbenen das Blut ersetzen – jenen roten Saft, der uns im Diesseits am Leben hält?

Farbe des Lebens

Tatsächlich gibt es erstaunliche Querverbindungen zwischen dem Rot des Blutes und dem der Erdpigmente. Beide enthalten Eisen als einen wichtigen Bestandteil. Beim Blutfarbstoff (er heißt Hämoglobin, vom griechischen „hämos" für „Blut") sitzt ein Eisenatom im Zentrum eines komplizierten Gerüsts aus organischen Kohlenwasserstoffverbindungen und hält drei Sauerstoffatome fest. Eines der drei kann

beliebig oft abgegeben und wiederaufgenommen werden – und genau darin besteht die Leben spendende Kraft des Blutes. Denn so kann es stets von neuem Sauerstoff aus den Lungen bis in den letzten Winkel unseres Körpers bringen, ihn dort abgeben und sogleich wieder Nachschub holen. Auch bei den Eisenmineralien – eine besonders kräftig gefärbte Form heißt „Hämatit" oder „Blutstein" – sind die enthaltenen Eisenatome an drei Sauerstoffatome gebunden, allerdings ohne die Option, sich wieder zu lösen. Wenn weißes Licht auf diese „dreiwertige" Form des Eisens fällt, dann werden dort fast alle Anteile des sichtbaren Spektrums geschluckt Nur das rote Licht wird zurückgeworfen und fällt uns ins Auge.

Pures Eisen glänzt metallisch grau. Rot wird es dann, wenn es rostet, also mit Sauerstoff reagiert und dreiwertiges Eisenoxid bildet. Die Unmengen von roten Erdpigmenten gibt es also erst, seitdem ihre Eisenminerale mit frei verfügbarem Sauerstoff reagieren konnten. Woher aber stammte der nötige Sauerstoff? In der jungen Erde war dieses Gas zunächst in Kohlendioxid, Wasserdampf oder in Mineralien gebun-

Die roten Felsen in Australiens Zentrum leuchten im Sonnenuntergang. Im Hintergrund der bekannteste: der Uluru.

Einen Blick in die Vergangenheit gewährt diese Felswand, die von einem schwarzen Kohleflöz durchzogen ist.

So könnte ein Farnwald aus dem Permzeitalter ausgesehen haben. Im Lauf der Jahrmillionen wurden die grünen Pflanzen zu Steinkohle.

Im Stein erhalten: das Fossil eines Samenfarns aus dem Karbon.

den und kam deshalb in der Uratmosphäre nicht vor. Die ältesten Spuren von Lebewesen verweisen auf eine Zeit vor 3,9 Milliarden Jahren; damals war der blaue Planet schon an die 700 Millionen Jahre alt. Diese ursprünglichen Organismen fanden in den Urozeanen reichlich organische Verbindungen, und so mussten sie ihre Nahrung nicht aus anorganischen Stoffen selbst zubereiten. Doch irgendwann waren die Vorräte aufgebraucht und das Leben musste neue Wege gehen. So kam es zu der wichtigsten Innovation der Erdgeschichte: der Fotosynthese. Wer sie beherrscht, kann mithilfe der Sonnenenergie aus Kohlendioxid und Wasserstoff neue organische Materie bilden.

Dieses Kunststück gelang den ersten Photobakterien. Allerdings produzierten sie dabei keinen Sauerstoff, sondern Schwefel. Erst eine weitere Gruppe von Mikroben, die blaugrün schimmernden Cyanobakterien, entwickelten einen neuen, einzigartigen Farbstoff namens Chlorophyll. Damit konnten sie Wasser spalten, gewannen daraus den Wasserstoff zum Aufbau von Biomasse und setzten, quasi als Abfall, Unmengen von Sauerstoff frei. Wo immer die blaugrünen Cyanobakterien Wasser und Sonnenlicht vorfanden, wuchsen sie und vermehrten sich. Das ist bis heute so geblieben: Man findet sie auf Schiffsdecks und Duschvorhängen ebenso wie in der sibirischen Tundra, in heißen Quellen und sogar unter dem Eis der Antarktis. Meist bleiben sie dem bloßen Auge verborgen. Doch mancherorts wachsen sie in solchen Massen, dass ihre schwarz-blauen Körper riesige Flächen weithin sichtbar färben. Zum Beispiel in den Lagunen der Baja Califonia Norte in Mexiko, wo sie mit verschiedenen Bakterien eine Art lebenden Teppich bilden. Oder an den steilen Felswänden der Kalkalpen, wo sie an schwarze Tintenkleckse erinnern.

Einmal in Gang gekommen, war die Sauerstoffproduktion via Fotosynthese nicht mehr zu stoppen und prägte die weitere Entwicklung des Planeten und seiner Bewohner. Schließlich gab es kein leicht verfügbares Eisen mehr, das noch mit Sauerstoff hätte reagieren können, und so reicherte sich das Gas in der Atmosphäre an. Für die meisten damaligen Organismen war das eine Katastrophe, denn freier Sauerstoff war für sie giftig. Um zu überleben, mussten sie ihm ausweichen – oder sich auf ihn einstellen. Zwei Milliarden Jahre vor unserer Zeit gelang es einigen Lebensformen, die Atmung zu erfinden und den Sauerstoff fortan als Energiequelle zu nutzen. Dies war der Beginn der Entwicklung mehrzelliger Lebewesen, wie sie unser Bild von der Erde heute prägen. Sie bestehen aus kompliziert gebauten Zellen, in denen die einst freilebenden atmenden Mikroben zu den Mitochondrien wurden; ihre Nachkommen besorgen bis heute auch in unserem Körper die Zellatmung. In den oberen Schichten der Atmosphäre bildete sich aus dem Sauerstoff mit der Zeit eine Ozonhülle und schirmte die Erde gegen die tödliche UV-Strahlung der Sonne ab, sodass sich das Leben nun auch auf den Landmassen ausbreiten konnte.

Nährstoffe in Grün und Braun

Mit Wurzeln, Wasserleitungen und Stützfasern ausgestattet, eroberten neuartige Pflanzen das Festland. Auch sie bezogen ihre Energie aus dem Sonnenlicht, das sie mithilfe des Blattgrüns alias Chlorophyll auffingen, und hüllten das Land in alle Schattierungen von Grün. Vor 500 Millionen Jahren wuchsen in den üppigen Urwäldern bis zu 40 Meter hohe Bärlappgewächse, zusammen mit Schachtelhalmen und Baumfarnen. Aus ihren verrotteten Überresten ist im Laufe der Zeit eine feste, schwarze Masse geworden, die zum größten Teil aus Kohlenstoff besteht und sich daher gut zum Verheizen eignet: Steinkohle. Das „schwarze Gold" liegt in vielen Regionen der Erde direkt unter der Erdoberfläche und wird im Tagebau gewonnen. Die glitzernden Schwarz- und Silbertöne der freigelegten Kohleflöze geben der Landschaft ein bedrückend lebloses Aussehen. Sieht man genauer hin, so kommen zwischen den Kohleplatten versteinerte Palmwedel und Rindenstücke, Frösche und Molche, Skorpione und Libellen zum Vorschein. Sie lassen die vielfältigen Lebensgemeinschaften der „Steinkohlewälder" erahnen, die 60 Millionen Jahre lang die Erde beherrschten und ihrem Zeitalter den Namen „Karbon" (vom lateinischen Wort für Kohle) gaben.

Verkohlte Pflanzenreste sorgen auch für die dunkle Färbung der „Schwarzerden", die sich erst in allerjüngster Zeit gebildet haben, als es längst Menschen auf der Erde gab. Schwarzerde entsteht überall dort, wo warme Sommer sich mit kalten Wintern abwechseln: in den weiten Grasländern Nordamerikas, Russlands, der Ukraine und Kasachstans und auch in der Uckermark oder im österreichischen Waldviertel. Denn so sehr dort im Sommer die Vegetation ins Kraut schießt, so wenig kommen die Bodenlebewesen im frostigen Winter mit ihrer Zersetzung nach. So konnten sich bis zu 80 Zentimeter mächtige Humusschichten ansammeln, die sich hervorragend zum Ackerbau eignen. Durch den Reichtum an natürlichen Nährstoffen, relativ hohen Tongehalt und eine lockere Krümelstruktur bieten diese Böden den Pflanzen besonders gute Wachstumsbedingungen und lassen sich zudem leicht bearbeiten. Wie fruchtbar die schwarze Erde ist, wussten offenbar schon die ersten Bauern der Geschichte; in Mitteleuropa jedenfalls findet man die Überreste ihrer steinzeitlichen Siedlungen bevorzugt in Schwarzerde-Regionen.

Weiße Flecken auf der Landkarte

Doch nicht nur die Lebensgemeinschaften des Festlands haben die Farben der Erde gestaltet, sondern auch die Meeresbewohner: Sie sorgten für die weißen Tupfer dazwischen. Aus den kalkhaltigen Schalenbruchstücken winziger Muschelkrebse, Wurzelfüßer oder Moor- und Geißeltierchen entstanden die makellos weißen Kreidefelsen von Rügen. Zerriebene Muscheln und Korallen erschufen die traumhaften Sandstrände der französischen „Silberküste", die im Abendlicht silbrig glitzern. Auch die beigen „Solnhofener Platten" im Altmühltal stammen von marinen Lebewesen, genauso wie die grau-weißen Kalkgesteine der Schwäbischen und Fränkischen Alb und der nördlichen Kalkalpen. Wo Kalkgesteine durch gewaltige

Die Cote d'Argent im Süden Frankreichs ist bekannt für ihren silbrig glänzenden Sand. Dafür verantwortlich sind zerriebene Schalen von Meerestieren.

Erdbewegungen zusammengepresst wurden, entstand Marmor – so auch der blendend weiße Carrara-Marmor im Norden der Toskana.

Seine größten weißen Flecken verdankt das Kleid der Erde jedoch nicht dem Werk lebendiger Organismen, sondern dem Wasser – oder seinem Fehlen. Wenn in den Trockengebieten Nord- und Südamerikas ganze Seen verdunsten, bleiben auf großen Flächen die im Wasser gelösten Salzkristalle zurück. Die größte so entstandene Salzpfanne, der „Salar de Tunupa", liegt im Südwesten Boliviens und umfasst mehr als 10 000 Quadratkilometer. Seine Salzkristalle glänzen unter der gleißenden Sonne wie Schnee.

Echter Schnee bedeckt je nach Jahreszeit mehr oder weniger große Bereiche unseres Planeten. Im Winter verschwinden die sonst so farbigen Landschaften Kanadas und weite Teile Nordamerikas und Europas unter einer glitzernden weißen Decke. In den höchsten Gebirgen der Welt – von Alpen und Kaukasus über den Himalaya bis hin zu den Küstengebirgen

Nordamerikas – bleibt der Schnee auch im Sommer liegen. Vollends vom Eis beherrscht ist die Welt an den Polkappen. Am Nordpol wird die eisbedeckte Fläche hauptsächlich vom Packeis gebildet: Es legt sich über das gesamte Nordpolarmeer und schiebt sich im Winter sogar in die umliegenden Ozeane hinein.

Dagegen ist der „weiße Kontinent" im Süden von einem mehrere Tausend Meter dicken Eispanzer bedeckt; dazu kommt ein breiter Gürtel aus Schelf- und Packeis, der von den Küsten ins offene Meer hineinwächst. Auf der „Apollo"-Aufnahme geht diese weiße Kappe am Südpol der „Blauen Murmel" fließend über in die Schlieren der Wolkendecke. Die Farbverwandtschaft kommt nicht von ungefähr: Eis und Wolken sind ja letztlich aus demselben Stoff gewebt, aus Wasser. Als Dampf erfüllt es die Luft, fällt als Regen und Schnee auf die Erde, tränkt Land und Meere, um schließlich wieder zu verdampfen. So sorgt es dafür, dass der blaue Planet voller Leben ist. Und einzigartig in der Weite des Alls.

Romantische
Stimmung bei
Sonnenuntergang?
Schuld daran ist
die Physik.

Himmlisches Farbenspiel

Henrike
Wiemker

Ein rosiger Sonnenuntergang, grüne Polarlichter oder gleich ein ganzer Regenbogen – der Himmel zeigt sich uns in leuchtenden Farben. Manchmal lässt sich an ihnen sogar das Wetter ablesen. Und immer sind sie das Ergebnis faszinierender Physik.

Es ist die meistgestellte Frage an die Sendung mit der Maus: Warum ist der Himmel blau? Nun könnte man anfangen, von Atmosphäre und Molekülen, Wellenlängen und Strahlung zu sprechen. Wer die Sache mit der Lichtstreuung aber nicht ganz aus dem Stegreif erklären kann oder möchte, kann die Antwort auch anders angehen: Der Himmel ist blau, weil wir ihn so nennen.

Farben sind nicht nur eine Frage der Physik, sondern auch der Wahrnehmung. Offensichtlich wird das etwa bei Menschen, die den Unterschied zwischen Rot und Grün nicht wahrnehmen. Auch über Farbtöne lässt sich trefflich streiten: Ist das noch Orange oder doch eher Rot, schon Türkis oder simples Grün? Vor ein paar Jahren stürzte ein gestreiftes Kleid die Netzwelt in eine hitzige Farb-Debatte: Einige Menschen sahen blau-schwarze Streifen, andere weiß-goldene. Die schlechte Belichtung des Fotos erforderte eine Nachjustierung im Gehirn – die unterschiedlich ausfallen kann. Um über Farben sprechen zu können, muss man sie benennen können. Einige Sprachen haben keine separaten Wörter für Blau und Grün. Stellen Sie sich vor, die deutsche Sprache hätte statt der zwei Wörter nur eins, etwa „Blün". Der Himmel hätte dann an einem schönen Sommertag die gleiche Farbe wie die Blätter der Bäume, nur eine andere Nuance davon, sie wären vielleicht „gelb-blün" und „violett-blün".

Begibt man sich nun aber doch in die Welt der Physik und der Farben, hat der Himmel einiges zu bieten: vom sommerlichen Blau über das Rot-orange und Rosa-gelb der Sonnenuntergänge bis hin zum grünen Polarleuchten ist alles dabei, alle Farben des Regenbogens. Ach ja, und Letzterer schmückt ihn natürlich auch, den Himmel. Wie kommen all diese mächtigen Schauspiele zustande? Und lässt sich an ihnen, wie in der alten Bauernregel angedeutet, tatsächlich das Wetter ablesen?

Das zerstreute Blau

Egal um welches Phänomen es sich handelt, die Erklärung läuft immer auf ein Zusammenspiel zwischen der Sonne und unserer Erdatmosphäre hinaus. Am einfachsten ist es tatsächlich, beim Blau anzufangen. Wenn das weiße Sonnenlicht auf die Atmosphäre trifft und sich seinen Weg hindurch bis zu unseren Augen knapp über der Erdoberfläche bahnt, passiert es dabei Luftmoleküle, vor allem Sauerstoff und Stickstoff, und andere Partikel, etwa Feinstaub. Die Luftmoleküle und die besonders kleinen Partikel wirken dabei wie Miniatur-Discokugeln, die das Licht der Sonne in alle Richtungen streuen und quasi in der Atmosphäre verteilen. Dabei gilt: Je kürzer die Wellenlänge, desto stärker wird gestreut. „Viel stärker", wie Ulla Wandinger betont, Wissenschaftlerin am Leibniz-Institut für Troposphärenforschung und spezialisiert auf atmosphärische Optik. „Das blaue Licht wird zur Seite gestreut und gelangt daraufhin zum Auge. Der Himmel erscheint blau, weil wir lauter gestreutes Licht sehen." Denn blaues Licht hat eine kürzere Wellenlänge als andere sichtbare Farben und wird deshalb besonders gut verteilt. Je weiter der Lichtstrahl aber durch die Atmosphäre läuft, desto mehr kurzwelliges Licht wird „herausgestreut", wie Wandiger es nennt. Es geht dem Sonnenlicht sozusagen verloren und erreicht unsere Augen nicht mehr auf dem direkten Weg.

Am Morgen und Abend, wenn die Sonne tief steht, wird der Weg, den das Licht durch die Atmosphäre bis zu unseren Augen nehmen muss, länger. „Das Licht hat

Wenn sich Sonnenlicht in Regentropfen bricht, wird das ganze Farbspektrum sichtbar.

dann viel mehr Zeit, mit den Molekülen in der Luft zu wechselwirken", erklärt Wandinger. Dabei geht nach und nach das blaue Licht verloren und was bei uns ankommt, sind die Farben mit längeren Wellenlängen: Gelb, Orange und Rot. „Die Prozesse sind die gleichen wie tagsüber, es wird nur viel mehr blaues Licht weggestreut. Je länger der Weg durch die Atmosphäre ist, desto mehr Rotanteile enthält das Sonnenlicht."

Größere Teilchen in der Luft, wie etwa Saharastaub oder Nebeltropfen, sorgen dabei übrigens nicht für besonders intensiv leuchtende Sonnenuntergänge, sondern machen diese eher blasser. Für den spektakulär leuchtenden Abend- oder Morgenhimmel braucht es vielmehr kleinere Teilchen, denn entscheidend für den Streueffekt ist ihre Größe. Alle Partikel, deren Durchmesser kleiner (am besten: deutlich kleiner) ist als die Wellenlänge des sichtbaren Lichts, streuen Licht abhängig von der Wellenlänge. So lassen sie

einzelne Farben leuchten. Alle Teilchen, die größer sind, streuen alle Wellenlängen gleich stark und verteilen damit weißes Licht – der Himmel wird blasser, die Luft ist diesig.

„Für einen richtig schönen Sonnenuntergang braucht man eigentlich nicht viel", findet Ulla Wandinger: „Viel Molekülstreuung, ein bisschen normale Verschmutzung in der Atmosphäre und ein paar schöne Wolken, wo vielleicht unten Regentropfen oder Eiskristalle herausrieseln." So einfach ist das Ganze. Dass die Wolken dabei auch in Rot- und Rosatönen leuchten, liegt an Reflexionen. Das bereits rote Licht der Sonnenstrahlen trifft sie, häufig von unten, und die kleinen Wassertropfen und Eiskristalle spiegeln es zu uns hin, ohne seine Farbe zu verändern.

Und wie ist es nun mit der Bauernregel? „Abendrot, Schönwetterbot. Morgenrot, mit Regen droht." So oder so ähnlich weiß es der Volksmund. Tatsächlich hat die Weisheit einen wahren Kern, zumindest für Regen, der in unseren Breiten häufig aus Westen kommt. Ist von dort eine Wolkenfront im Anmarsch, wird die morgens von der aufgehenden Sonne angestrahlt und kann am Himmel ganz fantastisch aussehen. Das Wetter, das sie im Lauf des Tages zu uns bringt, ist dann in der Regel weniger rosig, als die Wolken es waren. Ist am Abend aber gerade ein Tief in Richtung Osten abgezogen, wird es umgekehrt von der untergehenden Sonne angestrahlt und zaubert uns als Abschiedsgruß

Was die Atmosphäre ausmacht: Auf dem Mars hat der Himmel eine andere Farbe als auf der Erde.

Für ein spektakuläres Abendrot braucht es Wolken, die von der untergehenden Sonne in Szene gesetzt werden.

noch einmal einen spektakulären Sonnenuntergang an den Himmel. „Die Regel stimmt also, wenn das Wetter aus Westen kommt und zur richtigen Tageszeit auf- und abzieht", sagt Ulla Wandiger. „Aber es gibt natürlich auch sehr, sehr viele andere Wetterlagen."

Purpurlicht nach Vulkanausbruch

Für besonders farbenfrohe Sonnenuntergänge können dagegen Vulkanausbrüche sorgen. Bei solchen Eruptionen werden häufig Aerosole bis in die Stratosphäre geschleudert, in eine Höhe von 12 bis 25 Kilometern. Die Sonne scheint diese Partikel beim Untergehen rot an, gleichzeitig ist der Himmel darunter aber noch blau. Zusammen überlagern sich die Farben und es entsteht das sogenannte Purpurlicht: Der Himmel leuchtet in dunklen Rot- und Lilatönen. „Da entstehen richtig schöne, kräftige purpurne Farben", schwärmt Wandinger. „Nach dem Ausbruch des Pinatubo 1991 war für zwei, drei Jahre die ganze Erde mit einer solchen Schicht überzogen und wir konnten wunderbare Sonnenauf- und -untergänge beobachten."

Violett, blau, gelb, orange, rot – ein Sonnenuntergang kann also beinahe alle Farben des Spektrums enthalten. Eine aber fehlt: Grün. Warum eigentlich wird der Himmel, wenn die Sonne langsam sinkt, nicht zuerst grünlich? Die Ursache dafür liegt im Ozon. Wie viele anderen Moleküle auch absorbieren Ozonpartikel Strahlung in bestimmten Wellenlän-

gen. Ein Teil dieser Wellenlängen liegt beim Ozon im UV-Spektrum, weshalb uns die Ozonschicht auch vor starken Sonnenbränden schützt. Eine andere Absorptionsspanne aber liegt im Bereich des grünen Lichts. Bevor der grüne Anteil des Sonnenlichts unsere Augen erreichen kann, wird er also zu großen Teilen vom Ozon absorbiert.

Daran wird deutlich, wie sehr die Farben, die wir am Himmel sehen, von der Zusammensetzung der Atmosphäre bestimmt werden. Würden statt Stickstoff und Sauerstoff andere Gase dominieren, sähe der Himmel anders aus. Das zeigen zum Beispiel Farbaufnahmen vom Mars. Am Tag ist dort der Himmel gelblich. Wenn die Sonne untergeht, färbt er sich hingegen grau-blau. Beim ersten Blick auf Mars-Bilder könnte man diese für uns merkwürdigen Lichtverhältnisse kurzerhand auf die begrenzte Kameratechnik der Raumfahrtmissionen schieben. Doch die Bilder sind – nach allem, was wir wissen – wirklichkeitsgetreu, verantwortlich ist stattdessen die Zusammensetzung der Mars-Atmosphäre, die sich von unserer irdischen deutlich unterscheidet.

Die Raumfahrt kann außerdem noch ein weiteres Farbenspiel am Himmel sichtbar machen, den sogenannten „Airglow". Auf Bildern der Erde, die von der Raumstation ISS aus aufgenommen wurden, ist am oberen Rand der Atmosphäre ein grünlicher Schimmer zu sehen, auch Gelb und Rot kommen vor. Vom

Der Airglow ist ein grünlicher Schimmer am Rand der Atmosphäre. Mit bloßem Auge ist er vom Erdboden aus kaum sichtbar.

Erdboden aus ist er mit bloßem Auge, wenn überhaupt, nur nachts zu sehen, weshalb man im Deutschen auch von Nachtleuchten spricht. Er lässt sich schwer erkennen, weil er gleichmäßig die ganze Erde überzieht. Fotografen aber ist er bei Nachtaufnahmen manchmal ein Dorn im Auge, weil er für sehr lichtempfindliche Kameras den Sternenhimmel trübt, auch Astronomen stört er bei der Arbeit. Verursacht wird der Airglow, wie alle anderen bisher genannten Phänomene auch, durch ein Zusammenspiel von Sonne und Atmosphäre. Die Energie des Sonnenlichts führt zur Bewegung von Molekülen in den oberen Schichten der Atmosphäre, gibt ihnen also zusätzliche (Bewegungs-)Energie. Stoppt diese Bewegung, so geben die Moleküle einen Teil ihrer Energie wieder ab, und zwar in Form von Licht.

Je nach Molekül entstehen dabei bestimmte Lichtfarben, und in diesem Fall dominiert dabei Grün. Während das grüne Glühen Fotografen stört, ist es für manche Forscherinnen enorm spannend. Sabine Wüst ist Atmosphärenphysikerin am Deutschen Luft- und Raumfahrtzentrum und nutzt den Airglow für Forschungszwecke. „Wir messen die Helligkeit der Leuchterscheinung und lernen so etwas über die Temperatur und die Energieverteilung in der Atmosphäre." Weil die Strahlung bis auf den Erdboden reicht, lässt sie sich auch von hier aus messen; mit hochempfindlichen Geräten oder über den infraroten

Wellenlängenbereich, wo der Airglow heller ist als im sichtbaren Bereich. „Unsere Ergebnisse können wir dann zum Beispiel für Klimamodellierung nutzen", so Wüst. Darüber hinaus gibt es noch weitere Pläne: „Wir würden es auch gern zur Frühwarnung bei Naturgefahren nutzen. Daran arbeiten wir noch."

Walkürenritt oder Sonnensturm

Ein Leuchten, das auch von der Erde aus sichtbar und im Gegensatz zum Airglow ein sehr beliebtes Fotomotiv ist, sind die Polarlichter: mystisch anmutende Schleier aus grünem oder rotem Licht, die in kalten Winternächten über den dunklen Himmel der höchsten nördlichen und südlichen Breiten wabern. Im schwedischen Volksglauben sah man das Leuchten lange als ein Zeichen, aus dem die Zukunft vorhergesagt werden könne. Die Wikinger hielten es für Lichtreflexe von den Rüstungen der Walküren, der weiblichen Kriegerinnen, die von Odin erwählte Krieger nach Walhalla führten.

Letztendlich werden auch die Polarlichter von der Sonne verursacht. Doch während der Airglow seine Energie aus dem Licht der Sonne zieht, sind es bei den Polarlichtern geladene Teilchen, die bei Sonnenstürmen in Richtung Erde geschleudert werden. Das Magnetfeld der Erde lenkt sie auf dem Weg in die Atmosphäre in Richtung der Pole. Dort geben die Teilchen Energie an Moleküle in der Atmosphäre ab, die sie dann in Form von Licht in bestimmten Farben wieder freisetzen. Manchmal sind die Lichter sogar auch in Deutschland zu sehen. Wie oft, lässt sich nicht genau vorhersagen. „Es ist ein Spiel mit der Statistik", sagt Wüst. „Es ist nicht häufig, aber es kommt vor. Das Magnetfeld der Erde endet ja nicht abrupt und die Intensität der Lichter hat mit der Sonnenaktivität zu tun. Je mehr Teilchen, desto höher die Chance, das Leuchten auch bei uns zu sehen." Dass die Lichter grundsätzlich nur im Winter zu sehen sind, hat dabei einen ganz einfachen Grund: Im Sommer ist, vor allem im hohen Norden, der Himmel zu hell. Zu viel Licht tut dem himmlischen Farbenspiel eben auch nicht gut.

Tanzende Licht-
schleier in bun-
ten Farben: Polar-
lichter faszinieren
die Menschen von
jeher.

Christian Jung

Porträt: Mantis-Shrimp

Die Augen der Fangschreckenkrebse gelten als die komplexesten im ganzen Tierreich. Sie erfassen ein extrem breites Lichtspektrum bis hin zu polarisiertem Licht.

Ihr Aussehen soll an Garnelen erinnern und ihre Jagdmethode an Gottesanbeterinnen (*Mantis religiosa*): So erklärt sich der Name „Mantis shrimp" für ein Krustentier, das von vielen Aquarianern „Schrecken der Meere" genannt wird. Bei der Beutejagd im offenen Ozean hilft ihm die Leistungsfähigkeit seiner Sinnesorgane; vor allem die differenzierte Wahrnehmung und Verarbeitung von Licht und Farben.

Fangschreckenkrebse verfügen über an Stielen aufgeständerte, separat schwenkbare Komplexaugen. Diese besitzen je nach Art 12 bis 16 verschiedene Typen Fotorezeptorzellen, mit deren Hilfe sie Licht im Spektrum von tiefem Ultraviolett bis hin zu Infrarotwellen wahrnehmen. Manche Arten können die Empfindlichkeit ihres Farbsehens gar an die Umgebung anpassen. Eine besondere Reihung und Bündelung der Rezeptoren ermöglicht räumliches Sehen auch unter schlechten Bedingungen: Jedes Auge ist in drei Bereiche aufgeteilt, was unabhängig von der Entfernung die Fähigkeit zur Tiefenwahrnehmung gibt – jedem Auge für sich.

Bei der Jagd prallt die Klaue des Krebses mit einer Wucht von mehr als dem Tausendfachen seines Eigengewichts und einer Geschwindigkeit von 51 Kilometern pro Stunde auf die Beute. Der Schlag erfolgt so schnell und heftig, dass das Wasser schlagartig kocht. Dabei treten extreme Druck- und Temperaturspitzen auf, zudem entstehen Dampfblasen. Fallen diese zusammen, trifft auch noch die resultierende Druckwelle die Beute mit ungeheurer Kraft.

Die kollabierende Blase erzeugt zudem ein schwaches Licht, auch Sonolumineszenz genannt. Auch darauf hat sich die visuelle Rezeption der Tiere evolutionär ausgerichtet. Und schließlich erkennen Mantis-Garnelen polarisiertes, also gerichtetes Licht. So können sie etwa das Polarisationsmuster des Himmels zur Orientierung nutzen. Einige Arten nehmen sogar zirkular polarisiertes Licht wahr – etwas, das man bisher keinem Lebewesen zugetraut hatte. All das ermöglicht es den Fangschreckenkrebsen, selbst nahezu unsichtbare, schimmernde oder durchscheinende Objekte zu sehen, die Entfernung zu bestimmen und zielsicher zuzuschlagen. Die Tiere verwenden darüber hinaus fluoreszierende Muster, um sich gegenseitig und möglicherweise andere Arten zu erkennen.

Der Bunte Fangschreckenkrebs *Odontodactylus scyllarus* sieht besonders viele Farben.

Porträt: Regenbogen-Eukalyptus

Marieluise
Denecke

Unter seiner Rinde erstrahlt dieser Baum in bunten Farben. Der Grund dafür ist eine langsame Erneuerung. Wie schön doch Wandel sein kann.

Grün, Rot, Braun, Orange, Gelb, Lila: Der „Regenbogen-Eukalyptus" trägt seinen Namen zurecht, denn seine einzigartige Rinde leuchtet in vielen Farben. Der *Eucalyptus deglupta*, so sein botanischer Name, sieht aus, als hätte jemand seinen Stamm bunt angemalt. Doch der Künstler ist hier die Natur.

Erwähnt wurde der immergrüne Baum erstmals Mitte des 18. Jahrhunderts, damals noch als „Arbor versicolor", also als „vielfarbiger Baum". *Eucalyptus deglupta* gehört zu den am schnellsten wachsenden Baumarten überhaupt und kann leicht über 60 Meter hoch werden. Diese Eigenschaft macht ihn für die Industrie attraktiv: Nicht nur wird er für seine ätherischen Öle gezüchtet, sein Holz wird auch für die Papierherstellung verwendet. Die Bäume werden vor allem auf den Philippinen in Plantagen kultiviert.

Dort, in Südostasien, ist der Baum heimisch. Er wächst nicht nur auf den Philippinen, sondern auch in Papua-Neuguinea und Indonesien, und zwar nicht nur kultiviert in Plantagen, sondern auch wild in tropischen Regenwäldern. Feuchtes bis nasses, heißes Klima schätzt *Eucalyptus deglupta* besonders. Mit diesem Verbreitungsgebiet unterscheidet er sich von den anderen rund 600 Eukalyptusarten, die vor allem in Australien und Indonesien wachsen. Der Regenbogenbaum ist die einzige Eukalyptusart, die natürlicherweise auch auf der Nordhalbkugel wächst.

Aber woher kommt nun der Name? Ihre vielen leuchtenden Farben zeigt die Baumart mit den markant wohlduftenden Blättern, wenn sie ihre Borke erneuert. Das tut sie nicht auf einmal, sondern nach

und nach. So schält sich an vielen Stellen die alte, bräunliche Rinde ab, wodurch darunter die leuchtend grüne, neue Schicht zum Vorschein kommt. Die benötigt jedoch einige Zeit, um heranzureifen und ändert dabei ihre Farbe, von leuchtend Grün über Rot und Violett bis zu Braun. Über die Jahre entstehen zahlreiche Risse in der alten Borke, die das breite Farbspektrum zeigen. Der Stamm eines Regenbogen-Eukalyptus wird also bunter, je älter er wird.

Sein besonderes Aussehen hat den Regenbogen-Eukalyptus natürlich auch in anderen Teilen der Welt beliebt gemacht. Hierzulande ist er vor allem als Zierpflanze im Kübel oder in Bonsai-Haltung beliebt. Den deutschen Winter würde der Wärmeliebhaber jedoch nicht überstehen.

Wie gemalt: der Stamm des Eucalyptus deglupta.

Martin Rasper

Die Farben des Körpers

Warum ist Blut rot und Urin gelb? Warum haben Blondinen meistens blaue Augen? Und weshalb werden die Haare im Alter weiß? Wer sich mit den Farben unseres Körpers beschäftigt, wird erstaunt sein, auf wie wenigen Substanzen die Vielfalt beruht.

Unser Alltag ist bunt. Die meisten Farben bringt die Industrie hervor – doch auch die Farben, die der menschliche Körper hervorbringt, sind äußerst präsent. Man muss sie nur zu sehen wissen. So wie die Hauptfigur unserer Geschichte, eine junge Wissenschaftlerin, die gerade auf die Straßenbahn wartet, um zur Arbeit zu fahren. Was sieht die Frau, die wir Claudia Nordmann nennen wollen und die am tierärztlichen Institut arbeitet, wenn sie nur mal die Plakatwände anschaut? Sie sieht ein Paar Lippen, die in ein Schokoladeneis beißen: knallrot. Den Haarschopf eines örtlichen Politikers, der wiedergewählt werden will: strahlend weiß.

Die Haut eines Models, das zum Kauf eines Duschgels animieren soll: braun, fast bronzen.

Und wenn sie von den Plakaten weg und die realen Menschen anschaut: Ein Schulmädchen mit dunklen, fast schwarzen Augen. Ein Mann mit feuerrotem Gesicht. Ein anderer mit einem braunen Schnauzbart. Eine rothaarige und sommersprossige Frau mit ihrem Hund, einer braun-weiß gescheckten Promenadenmischung.

All diese Körperfarben werden im Wesentlichen durch zwei Substanzen (und deren Abbauprodukte) hervorgerufen: den Blutfarbstoff Hämoglobin und das Hautpigment Melanin.

Als sie in der Straßenbahn sitzt, hebt sie verstohlen das Pflaster an ihrem Zeigefinger, um nachzusehen, ob die Schnittwunde schon verschorft ist. Sie hatte sich vor einigen Tagen beim Abstauben der Zimmerpalme an einer der messerscharfen Blattkanten geschnitten. Der Vorfall hatte sie daran erinnert, dass die rote Farbe des Blutes und die grüne der Pflanze eng verwandte Ursachen haben. Kaum etwas ist im menschlichen Körper allgegenwärtiger als das rote Blut, und für die Pflanzen wiederum ist das Grün typisch. Und doch hängt beides zusammen: Der rote Blutfarbstoff Häm, der funktionelle Teil des Hämoglobins, hat eine ähnliche Molekülstruktur wie der grüne Blattfarbstoff Chlorophyll. Beide sind sehr komplex gebaute Moleküle, in deren wirksamem Abschnitt sich ein sogenannter Porphyrinring befindet. Doch während beim Chlorophyll in der Mitte des Rings ein Magnesium-Atom sitzt, ist es beim Häm ein Eisenatom.

Farbstoff mit Mission

An dieses Eisen Sauerstoff zu binden, ist die Hauptfunktion des Hämoglobins. In den Blutkörperchen übernimmt das Hämoglobin den Transport des Sauerstoffs von der Lunge in alle Teile des Körpers und auf dem Rückweg den des Kohlendioxids. Die roten Blutkörperchen sind extrem spezialisierte Zellen: Alles an ihnen ist auf ihre eine große Aufgabe eingerichtet. Sie sind vollgepackt mit Hämoglobin-Molekülen; sie haben die Form flacher, in der Mitte eingedellter Drops, damit die Reaktionsoberfläche möglichst groß ist. Sie besitzen nicht einmal einen Zellkern. Nur 0,007 Millimeter groß, sausen sie in der schier unvorstellbaren Menge von gut 25 Billionen Exemplaren durch das Blutsystem, und jedes einzelne legt dabei pro Tag an die 15 Kilometer zurück! Was übrigens die Ähnlichkeit zwischen dem Chlorophyll und dem Hämoglobin angeht, so erklären Evolutionsbiologen sie damit, dass die beiden Moleküle aus einer gemeinsamen Urform entstanden sind und sich irgendwann ausdifferenziert haben.

Wo sie schon dabei ist, inspiziert die Wissenschaftlerin noch den blauen Fleck am Knöchel, den sie sich in der Woche zuvor zugezogen hatte, als sie im dunklen Hausflur über das Dreirad des Nachbarsjungen gestolpert war. Vor zwei Tagen war der Knöchel noch grün, heute überwiegt bereits deutlich ein schmutziges Orange. Auch diese Farborgie, weiß Nordmann, wird vom Häm verursacht. Beziehungsweise von seinen Abbauprodukten. In dem Moment nämlich, wo ihr Knöchel so plötzlich wie schmerzhaft Bekanntschaft mit dem Dreiradpedal gemacht hatte, wurden an der Stelle schlagartig die winzigen Blutgefäße zerstört und die roten Blutkörperchen in das umliegende Gewebe geschwemmt. Dort stecken sie nun und können nicht zum Zerlegen und Recyceln in die dafür zuständigen Organe, die Leber und die Milz transportiert werden, sondern müssen an Ort und Stelle abgebaut werden – mit der typischen Farbfolge als Nebeneffekt: In einem ersten Schritt verwandelt sich der Blutfarbstoff in den braun-schwarzen Gallenfarbstoff Verdoglobin; dieser wird zum grünlichen Biliverdin abgebaut und dieses wiederum zu gelbem Billirubin. Das Farbenspiel eines blauen Flecks erlaubt also einen Blick auf Vorgänge, die normalerweise unerkannt im Innern des Körpers ablaufen.

Ein rotes Blutkörperchen ist vollgepackt mit Hämoglobin-Molekülen (blau). Diese verleihen ihm die rote Farbe, sind aber vor allem dafür da, Sauerstoff zu binden.

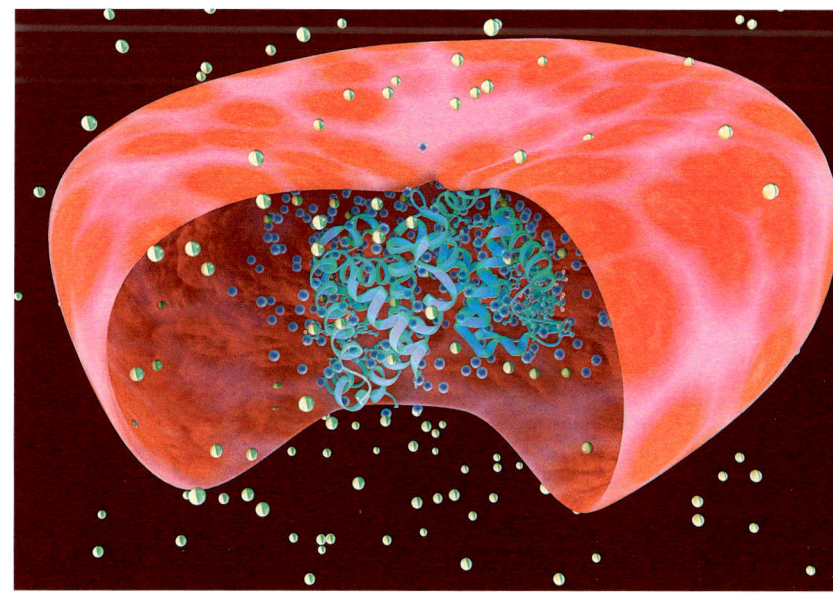

Als sie ein paar Stunden später in der Mensa beim Mittagessen sitzt, muss Claudia Nordmann wieder an das Hämoglobin denken. Heute gibt es nämlich Roastbeef, noch leicht blutig, wie es sich gehört. Muskelfleisch, so weiß sie, ist nicht nur durch das Blut rot gefärbt. Sondern weil die Muskeln noch über eine zweite Möglichkeit verfügen, sich im Notfall blitzschnell mit Sauerstoff zu versorgen: über die direkte Einlagerung eines Proteins namens Myoglobin – und das enthält ebenfalls das rote Häm-Molekül.

Rote Lippen soll man küssen

Während sie an ihrem Roastbeef herumschnibbelt, fällt ihr Blick auf eine auffallend blonde Frau am Nebentisch. Und sie registriert auch, wie einige der umsitzenden Männer sie mehr oder weniger verstohlen anschauen. Amüsiert stellt die Wissenschaftlerin fest, dass die uralten Signale unvermindert wirken: Die Haare der Frau haben die Farbe reifen Weizens, ihre Augen sind strahlend blau und ihr Mund ist von einem kräftigen, aber nicht übertriebenen Rot. Dazu ein angedeutetes Lächeln, und schon springen bei den Männern die Reflexe an. Dabei lässt sich das alles ganz simpel erklären. Die Lippen zum Beispiel sind nur deshalb rot, weil unzählige kleine Blutgefäße dicht unter der Haut sitzen. Ist die Frau gesund und entspannt, zirkuliert das Blut gut und lässt die Lippen leuchten; steht sie dagegen unter Stress, zieht der Körper das Blut ab, und nicht nur der Mund, sondern das ganze

Gesicht wird blasser. Deshalb, so erklären die Evolutionspsychologen, wirkt ein roter Mund attraktiv. Und nicht nur der Mund: Rot ist die Signalfarbe Nummer Eins. Es beschleunigt beim Menschen den Herzschlag und führt zur Ausschüttung von Adrenalin.

Die helle Haut und die blonden Haare dagegen entstehen durch einen Mangel an Melanin. Das Pigment ist für die Hautfarbe zuständig, für die Bräunung und damit den Schutz vor der UV-Strahlung, und es färbt auch die Haare braun oder schwarz. Genauer gesagt, ist es nicht nur die Melaninkonzentration, die die Haarfarbe definiert, sondern eine Mischung aus zwei Melaninsorten: dem häufigeren Eumelanin und dem selteneren Phäomelanin. Das Eumelanin verursacht die dunklen Farbtöne, das Phäomelanin die roten. Wer rötlichblond ist wie die Frau am Nebentisch, hat von beidem wenig, das aber in ausgewogenem Verhältnis. Mit zunehmendem Alter nimmt die Melaninproduktion insgesamt ab, und die Haare werden grau.

Auch die Augenfarbe wird durch das Melanin bestimmt: je mehr, desto brauner. Grüne und blaue Augen dagegen enthalten nur wenig Pigment; ihr Farbeindruck entsteht rein physikalisch, durch Lichtbrechung. Neugeborene haben häufig blonde Haare und blaue Augen, auch wenn sich das später ändert. Das liegt daran, dass die Hautzellen, die das Melanin produzieren – die Melanozyten – teilweise erst im Lauf der ersten Monate ihre Aktivität aufnehmen. Und fehlt das Melanin völlig, wie es bei Albinos der Fall

Augen haben keine unterschiedlichen Pigmente, sondern nur unterschiedlich viele: Je mehr Melanin, desto dunkler erscheint das Auge.

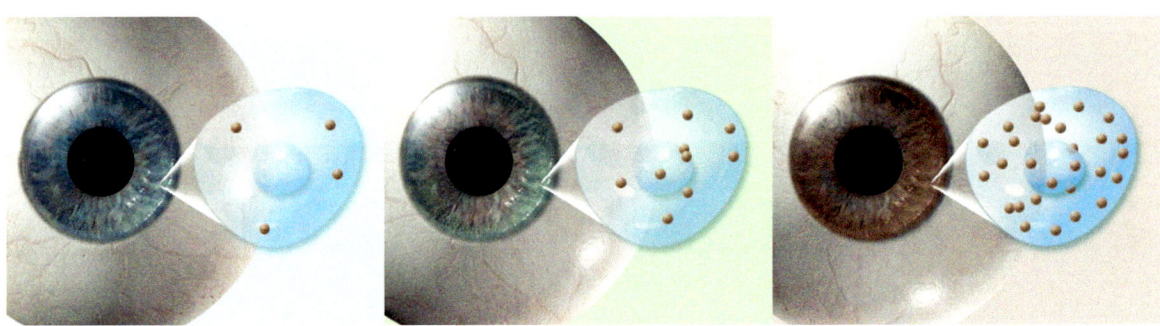

ist, dann sieht man durch die farblose Linse auf die zahlreichen Blutgefäße, die die Netzhaut versorgen: Die Augen wirken dann rot. Aus dem gleichen Grund sind sie auch auf Blitzlichtfotos rot. Das starke Licht durchdringt die Melaninschichten und macht die durchblutete Netzhaut sichtbar, bevor sich die Pupille schützend zusammenziehen kann.

Melanin – mehr als Farbe

Das Nachdenken über das Melanin hat Claudia Nordmann wieder an ihre Arbeit erinnert. Als Teil einer Forschergruppe arbeitet sie seit Jahren an Problemen der Melaninproduktion bei verschiedenen Hunde- und Katzenrassen. Denn Melanin ist weit mehr als nur ein Farbstoff. Seit langem ist bekannt, dass Albinos – sowohl Menschen als auch Tiere – oft unter Störungen des Gehör-, Seh- oder Gleichgewichtssinns leiden. Beim Menschen ist diese Erscheinung unter anderem als Waardenburg-Syndrom bekannt. Die nach einem holländischen Augenarzt benannte Krankheit besteht aus Pigmentfehlern im Auge, im Haar oder auf der Haut in Kombination mit Hörschwächen. Dazu passt, dass Vorstufen des Melanins als Neurotransmitter wirken, also als Botenstoffe im Nervensystem.

In letzter Zeit nun gibt es Hinweise, dass dieser Zusammenhang nicht nur daher rührt, dass das Melanin in den entsprechenden Organen fehlt. Sondern dass es eine viel grundlegendere Rolle spielt, und zwar schon bei der Embryonalentwicklung der Sinnesorgane. Offenbar trägt es während dieser entscheidenden Entwicklungsstufe zur Organisation der Gehirnstruktur bei. Vom hohen Melaninanteil dunkel gefärbte Zellen steuern die ursprüngliche „Verdrahtung" wichtiger Nervenstränge, unter anderem derjenigen, die später die optische und die akustische Wahrnehmung steuern. Bei Albinos ist beispielsweise das Innenohr oft unvollständig entwickelt. Aber da ist eben vieles noch nicht erforscht.

Auf dem Heimweg bleibt Claudia Nordmann im Drogeriemarkt am Regal mit den Lippenstiften hängen: Frosty Rose, Coral Red, Raspberry Shimmer. Die Farben spielen von Rot über Rosa ins Orangefarbene, bis zu dunklem Lila oder auch Braun. Aber leuchtendes Blau, Grün oder Gelb gibt es nicht. Offenbar, überlegt sie, ist das dann doch zu weit entfernt von der ursprünglichen Signalwirkung. Und so leuchten die meisten Lippen auch heute noch in Farbtönen, an die wir seit Urzeiten gewöhnt sind.

Das intensive Türkis, das den Eisvogel so unverwechselbar macht, geht auf sogenannte Strukturfarben zurück.

Das große Schillern

Martin Rasper

Bei manchen Tieren hat die Natur besonders großzügig in den Farbtopf gegriffen: Diese Schmetterlinge, Vögel oder Käfer leuchten und schimmern knallgelb oder feuerrot, metallisch blau oder grün. Wie kommen diese Farben zustande?

Der Eisvogel ist zwar klein, doch seine Farbenpracht sucht ihresgleichen: Je nach Lichteinfall schimmert sein Rücken in strahlendem Kobaltblau bis hin zu leuchtendem Türkis, der rostrote Bauch bildet einen schönen Kontrast. Einer französischen Sage nach ist es das Himmelblau, das einst auf einen besonders hoch fliegenden Eisvogel abfärbte. Und in der Tat schillert er geradezu überirdisch – weshalb man ihn auch als „fliegenden Edelstein" bezeichnet.

Oder man denke an einen ausgewachsenen Pfau: Hals, Brust und Bauch schillern königlich blau; den ebenfalls blauen Kopf zieren zwei Paar weiße Streifen über und unter den Augen und obenauf trägt er eine filigrane, aus Dutzenden feingliedriger Federbüsche bestehende Krone. All die Pracht aber wird noch getoppt, wenn er sein Rad schlägt. Dann entfaltet sich ein Fächer aus Dutzenden langer Federn, die an ihrem Ende jeweils das berühmte, in verschiedenen Farben leuchtende Auge tragen. Ein irisierendes Farbspiel, wie wir es sonst von Juwelen kennen.

Pigmente und Strukturfarben

Ob Azurjungfer und Prachtlibelle über den Teich schwirren, Bergmolch und Gelbbauchunke mit ihren bunten Bäuchen prunken oder der grüngolden glänzende Rosenkäfer im Garten sitzt – es gibt kaum eine Nuance, die in der Natur nicht vorkommt. Dieses bunte Feuerwerk besteht aus den unterschiedlichsten Substanzen. Grundsätzlich aber gibt es zwei Methoden, Farbe zu erzeugen: erstens die Verwendung von Farbstoffen, also von Pigmenten. Und zweitens das Ausnutzen physikalischer Effekte, wenn verschiedene Strukturen ähnlich wie bei einem Ölfilm auf einer Wasserfläche ein buntes Schillern erzeugen.

Die wahrscheinlich häufigste Farbe im Tierreich, das eher unauffällige Braun rührt beispielsweise fast immer von nur einem Pigment her, dem Melanin. Auch bei Rot und Gelb, sei es bei Vögeln, Salamandern oder Baumsteigerfröschen, sind häufig Pigmente im Spiel – meist solche, die von Pflanzen produziert und von den Tieren beim Fressen aufgenommen werden. Es existiert eine unübersehbare Zahl von Pigmenten, die aus komplexen chemischen Verbindungen bestehen und häufig nur in geringer Menge vorkommen.

Blaue und grüne Farben allerdings haben bei Tieren eine Sonderstellung inne. Sie kommen fast nie durch Farbstoffe zustande, sondern sind nahezu ausschließlich sogenannte Struktur- oder Interferenz-

Die Farben einer Pfauenfeder verändern sich, wenn man sie im Licht bewegt. Für diesen Effekt ist eine feine Lamellenstruktur verantwortlich.

Schillernde Insekten: Hufeisen-Azurjungfer (l.) und Ähnlicher Rosenkäfer (r.)

farben. Diese können eher matt sein, aber auch glänzen wie Metall oder schimmern wie Seide und sind in der Regel intensiver als Pigmentfarben – siehe das prachtvolle Federkleid von Pfau und Eisvogel.

Im Gegensatz zu den poetischen Beschreibungen, die er hervorruft, ist die Erklärung für diesen Effekt eher ingenieurhaft: Der Farbeindruck entsteht dadurch, dass sich die Lichtstrahlen an winzigen Strukturen brechen. Welche Farbe auf das Auge des Betrachters trifft, entscheidet also kein chemisches Pigment, das bestimmte Wellen absorbiert, sondern eine physikalische Reflexion. Diese ist abhängig vom Betrachtungswinkel und vom Lichteinfall – das erklärt das Schillern. Der intensive Farbeffekt wiederum beruht darauf, dass die Lichtwellen an verschiedenen Stellen oder in verschiedenen Schichten reflektiert werden und sich dabei überlagern. Wenn die zurückgeworfenen Wellen dann genau übereinander passen, wird das Licht und damit die jeweilige Farbe verstärkt, man spricht hier von „konstruktiver Interferenz".

Die feinen, kristallartigen Strukturen, die dies ermöglichen, bestehen zumeist entweder aus Keratin, wie bei den Vögeln – oder, vor allem bei den Insekten, aus Chitin. Chitin ist der Stoff, der auch die harten Panzer oder sonstigen Außenskelette aufbaut. So sind etwa bei den Schmetterlingen die Flügel mit winzigen, kompliziert gebauten Schuppen aus Chitin bedeckt. Diese Schuppen können parallel oder dachziegelartig überlappend angeordnet sein oder auch mit Hohlräumen versehen. Trifft das Licht auf diese Strukturen, so streut

es in verschiedene Richtungen und in unterschiedlichen Intensitäten – und unser Auge erreichen ganz verschiedene Farbnuancen. Besonders ausgefeilt ist dieses Prinzip beim metallisch blauen Morpho-Schmetterling: Dort sitzen auf den Schuppen winzige Leisten mit noch winzigeren stapelartigen Strukturen, die das Licht auf mehreren Ebenen gleichzeitig reflektieren. Mehrschicht-Interferenz mit Beugungseffekten nennen das die Physiker, die viele dieser Details erst in den letzten Jahren mit Hilfe des Rasterelektronenmikroskops aufklären konnten.

Bizarre Farbenspiele

Bei anderen Schmetterlingen und auch vielen Käfern sind hauchdünne Schichten aus Chitin mit jeweils unterschiedlichem Lichtbrechungsindex übereinander angeordnet, sodass sich verschiedene Farben ergeben, je nachdem, welche Wellenlänge zurückgeworfen wird. Oder es sind zwischen die Chitinlagen Luftschichten eingebaut. Diese Schichten sind teilweise weniger als ein Tausendstel (!) Millimeter dick; das geht in den Nanometerbereich hinein, also in eine Größenordnung, in der sich auch die Wellenlängen des sichtbaren und des ultravioletten Lichts bewegen. Bei vielen Schmetterlingen nun sind mehrere dieser Phänomene kombiniert. Einige Flügelbereiche sind durch Pigmente gefärbt; bei anderen wird der Farbeffekt durch Mikrostrukturen erzeugt; und an wieder anderen Stellen wirken Pigmente und Strukturen zusammen.

Ein Schmetterlingsflügel unter dem Mikroskop: Die Schuppenstruktur sorgt für intensive Farben (l.). Der Blaue Morphofalter (r.) ist ein besonders beeindruckendes Beispiel dafür.

Das Ergebnis eines solchen Zusammenspiels hat schon den Naturforscher Alfred Russel Wallace begeistert, der im 19. Jahrhundert auf dem malaiischen Archipel Schmetterlinge und Vögel sammelte und unabhängig von Charles Darwin eine Teilerklärung für die Entstehung der Arten entdeckte. „Ich hatte das Glück, eines der wunderbarsten Insekten der Welt zu fangen", berichtete er von einem besonders schimmernden Fund: „den Vogelflügelfalter *Ornithoptera poseidon*. Ich zitterte vor Aufregung, als ich ihn majestätisch auf mich zufliegen sah, und konnte kaum glauben, dass ich ihn tatsächlich gefangen hatte, bis ich ihn aus dem Netz nehmen und bewundern konnte: das samtige Schwarz und leuchtende Grün seiner Flügel, die 18 Zentimeter Spannweite, den goldenen Körper und die dunkelrote Brust."

Eine besonders ausgefeilte Mischung aus Pigment- und Strukturfarben ist bei vielen Paradiesvögeln zu beobachten. So leuchten beim Blaunacken-Strahlenparadiesvogel (*Parotia lawesii*) bestimmte Partien bei bestimmter Beleuchtung gelborange, grün oder blau, während der Vogel normalerweise schwarz erscheint. Und das weiß er zu nutzen, wenn er auf Brautschau geht.

Die Balz der Paradiesvögel gehört zu den faszinierendsten – und absurdesten – Ritualen der Tierwelt. Und die irisierenden Farben sind ein wichtiger Bestandteil davon. Wie bei allen Tieren, die polygam sind, wo also die Männchen sich mit mehreren Weibchen paaren, sind die Geschlechter sehr unterschiedlich gefärbt. Die Weibchen sind meist unauffällig, die Männ-

chen aber schillern in den buntesten Tönen, tragen prächtige Schweife, Antennen, Wimpel und Schleier. Manche vollführen ausgeklügelte Balztänze, bei denen sie auf dem sorgfältig geputzten Tanzboden herumsteppen wie einst Fred Astaire. Oder sie hängen sich kopfüber an einen Ast wie der Große Paradiesvogel, damit das Gefieder sich auffaltet und möglichst gut zur Geltung kommt; dabei präsentieren sie auch Farben und Federpartien, die normalerweise verborgen sind.

Schillernd Eindruck schinden

Oft werden Federn aufgefächert, die sonst flach am Körper anliegen, etwa der „Reifrock" des Strahlenparadiesvogels oder seine golden bis grün schillernde „Fliege" in der Kehlpartie. Auch der Königsparadiesvogel, der mit seiner weiß-orangeroten Grundfärbung zwar hübsch, aber nicht atemberaubend aussieht fächert bei der Balz seine Federn auf, um sie besser zur Geltung zu bringen; zudem präsentiert er dem Weibchen zwei grün schillernde, langgestielte Wimpel, die normalerweise unter den Flügeln verborgen sind. Der Blauköpfige Paradiesvogel dagegen, auch Nacktkopf-Paradiesvogel genannt, ist zu jeder Zeit knallbunt; kontrastreich leuchtet er von seinem Balzplatz auf dem düsteren Regenwaldboden als Signal für die Weibchen.

Anders als wir Menschen besitzen die meisten Vögel bis zu vier unterschiedliche Farbrezeptoren, was ihnen die Fähigkeit verschafft, im ultravioletten Bereich zu sehen. Das bedeutet, dass der männliche Vogel beim Tanz buchstäblich ein Feuerwerk von Farben

Der Blaunacken-Strahlenparadiesvogel erscheint normalerweise schwarz. Wenn er bei der Balz seine Federn auffächert, leuchtet seine Kehlpartie grün-golden.

schaftler einen Paradiesvogel in freier Wildbahn zu sehen bekam, war er von dem Anblick derart überwältigt, dass er ihn glatt zu schießen vergaß: „Die Flinte in unserer Hand blieb stumm." Die Ehrfurcht legte sich jedoch bald. In der zweiten Hälfte des 19. Jahrhunderts kamen Paradiesvogelfedern in Europa zunehmend in Mode, schmückten Hüte, Taschen und Mäntel. Die hemmungslose Jagd brachte viele Arten an den Rand der Ausrottung; ihre schillernde Schönheit wurde ihnen zum Verhängnis.

auf seinem Brustgefieder erzeugt, das wir Menschen gar nicht angemessen würdigen können – das Paradiesvogelweibchen allerdings schon. Doch allein die für uns sichtbaren Farben sind schon beeindruckend. Als der Franzose René Lesson 1824 als erster Wissen-

Schön durch Zufall

Dabei ist es noch immer ein großes Rätsel, wie genau die Natur diese Strukturen hervorbringt und warum. Zwar spielen sie bei Kommunikation und Partnerwerbung sicherlich eine Rolle; die Schönheit allein war aber vermutlich nicht ausschlaggebend.

Der Nacktkopf-Paradiesvogel erstrahlt immer in so prächtigen Farben. Vor dem dunklen Urwaldboden wirken sie umso besser.

Womöglich sind Strukturfarben eher ein zufälliges Nebenprodukt anderer Entwicklungen: Beim Goldmull etwa, dem einzigen Säugetier mit irisierendem Fell, stand wohl die wasserabweisende Wirkung einer stärkeren Schichtung der Haare im Vordergrund. Diese lässt den Mull aber auch metallisch glänzen – was seinen blinden Artgenossen allerdings reichlich egal sein dürfte. Bei einigen Käfern wiederum hat man festgestellt, dass deren Panzer durch die Strukturen an Stabilität gewinnen – auch weit über den Tod des Tieres hinaus, wie etwa archäologische Funde zeigen. In der Grube Messel in Hessen wurde ein schillernder Blattkäfer gefunden, der fast 50 Millionen Jahre alt sein dürfte und bis heute nichts von seiner Farbpracht verloren hat.

Letztlich ist jede Entwicklung ein komplexes Zusammenspiel aus biologischen und physikalischen

Der kleine Königsparadiesvogel wirbt mit grün leuchtenden Wimpeln um ein Weibchen, die unter den Flügeln verborgen sind.

Prozessen, immer angetrieben von den Kräften und unter den Rahmenbedingungen der Evolution. So sind wahrhaftige Schätze entstanden, unendlich kostbar nicht nur wegen ihres schönen Anblicks – sondern auch als Teil der lebendigen Vielfalt auf unserer Erde.

Lang während Schönheit: Dieser Blattkäfer ist fast 50 Millionen Jahre alt und schillert noch immer.

Eine Mühle für Farben

Monika
Offenberger

Die traditionelle Kunst der Pigmentherstellung beherrschen nicht mehr viele Menschen. Bei Kremer Pigmente im Allgäu kann man noch erfahren, welche Kunst es ist, der Natur ihre Farben zu entlocken – und wie die richtigen Nuancen die Vergangenheit lebendig werden lassen.

Blauer Himmel, grüne Weiden, rote Dächer – ein Tag wie geschaffen für einen Ausflug ins Reich der Farben. Es erwartet uns in Aichstetten im Allgäu, in einer umgebauten Getreidemühle aus dem 17. Jahrhundert. Derselbe Mühlbach, der einst die Mahlsteine in Bewegung hielt, treibt heute eine mächtige Turbine zur Stromerzeugung an. Denn die alten Gemäuer beheimaten seit 1984 die Kremer Pigmente GmbH & Co KG, Weltmarktführer im Bereich natürliche und historische Pigmente für die Denkmalpflege, Restaurierung und anspruchsvolle Malerei. Zwei Steinpfosten in leuchtendem Blau säumen die gepflasterte Einfahrt ins Firmengelände. Eines der Gebäude ist eingerüstet, weil die Fassade einen neuen Anstrich braucht. „Dafür verwenden wir Venezianisch Rot und Goldocker aus Italien. Die Ockerfarbe stellt mein Kollege Tobias selbst her. Das schauen wir uns gleich mal an", erklärt Marketingleiterin Andrea Bartenschlager und bittet uns hinein in die Kremermühle.

Im Untergeschoss macht sich Tobias an einer lärmenden Maschine zu schaffen, dem Dreiwalzenstuhl: Er besteht aus drei Metallwalzen, die sich mit unterschiedlicher Geschwindigkeit gegeneinander drehen. Damit fertigt er aus dem trockenen Ockerpigment mit Leinöl eine Ölfarbe. „Das lass´ ich mehrere Male zusammen durch den Walzstuhl laufen, bis eine homogene Paste draus wird. Durch die Scherkräfte werden die kleinen Pigmentklumpen plattgedrückt und homogenisiert. Das würde man mit Rühren nicht schaffen, das muss gequetscht werden", erläutert der studierte Biologe. Um eine geschmeidige und beständige Farbpaste zu erhalten, müssen die winzigen Pigmentpartikel möglichst vollständig von Öl umhüllt sein. Dazu braucht es drei bis fünf Durchgänge am Walzenstuhl.

Eben ist Tobias beim letzten Durchgang angelangt; 80 Liter hochkonzentrierter gelber Farbpaste hat er so zubereitet und elf Arbeitstage dafür gebraucht. Da ist die Herstellung der Pigmente noch nicht mitgerechnet, denn in diesem Fall wird fertiger Ocker verwendet.

Grobe Steine und feine Siebe

„Alles, was wir in guter Qualität am Markt bekommen, kaufen wir ein und verkaufen es in kleinen Mengen an unsere Kunden weiter. Anderes produzieren wir selber", sagt Andrea Bartenschlager. Rund 1500 verschiedene Pigmente aus aller Welt umfasst das Sortiment der Allgäuer Firma, 250 davon werden hier in Handarbeit hergestellt. Den zuständigen Produktionsmitarbeiter Daniel treffen wir im Gebäude nebenan, zwischen all den Gerätschaften, die es zum Zerkleinern von hartem Gestein braucht: Mörser und Stößel in verschiedenen Größen, dazu diverse Backenbrecher und Kugelmühlen aus Stahl und Achat. Sie kommen nacheinander zum Einsatz, um grobe Steine erst in kleinere Stücke und schließlich in feinstes Pigmentpulver zu verwandeln. Dunkle Pigmente werden mit dunklen Kugeln gemahlen, helle Pigmente mit weißen Kugeln. Denn es gibt immer einen gewissen, wenn auch minimalen, Abrieb. „Da sind wir aber immer noch im groben Bereich, zu grob für bestimmte Anwendungen", erklärt Daniel und zeigt Richtung Decke: „Deswegen haben wir da oben verschiedene Siebe hängen. Die werden mit dem Pigmentpulver in die Rüttelmaschine eingespannt und wackeln dann hin und her. So kann man unterschiedlich feine Siebungen erreichen, bis zu Partikeldurchmessern von 50 Mikrometern." Das entspricht in etwa der Dicke eines sehr feinen menschlichen Haares.

← Ein Regenbogen in Fläschchen: die Nuancen der Natur, aufbereitet von Kremer Pigmente im Allgäu.

41

Um Lapislazuli als Farbpigment verwenden zu können, müssen die Steine zu feinem Pulver verarbeitet werden.

Von den insgesamt 40 Angestellten sind fünf Frauen und Männer in der Pigmentproduktion beschäftigt. Der richtige Umgang mit den wertvollen Rohstoffen erfordert spezielle Kenntnisse sowie viel Erfahrung und Geschick. Denn die Natur hat ein wahrlich breites Spektrum von Materialien zu bieten, aus denen der Mensch Farben zubereitet: Wertvolle Edelsteine wie Azurit, Lapislazuli, Zinnober und Malachit. Natürliche Erden wie Ocker, Rötel, Terra Siena, Umbra, außerdem Bayerisch, Russisch und Veroneser Grünerde, wobei unterschiedliche Mineralien für die Färbung verantwortlich sind. Schüttgelb, Indigo, Krapplack und andere Pflanzenteile, die sich zu Pigmenten verlacken lassen. Schließlich Tiere und ihre Produkte wie Knochenmehl, Sepia oder Cochenille-Schildläuse. Das Sortiment der Kremers umfasst die reinen Pigmente wie auch fertig gemischte Farben. Dafür nutzen sie verschiedene Bindemittel: Gummiarabikum für Aquarellfarben, Öle und Trocknungsmittel für Ölfarben sowie Eiweiß, Cellulose, Casein oder Kalk zum Binden von Wandfarbe.

Die grob gebrochenen Lapissteinchen werden in einer Scheibenmühle weiter zerkleinert.

„Man muss erst ein Gefühl dafür entwickeln, wie ein bestimmter Rohstoff verarbeitet werden kann. Bestimmte Pigmente vertragen sich nicht mit bestimmten Bindemitteln, besonders die Grünen Erden sind recht eigen", sagt Daniel. „Und das eine Pigment muss ich eine halbe Stunde mahlen, das andere nur zwei Minuten, weil es sonst zu heiß wird und verklebt." Als gelernter Bäcker bringt er die nötigen Vorkenntnisse für seine jetzige Aufgabe mit, für die es keine spezielle Ausbildung gibt. Und nicht von ungefähr war auch sein Vorgänger gelernter Koch. „Da gibt es ja ganz viele Parallelen", so Daniel: „Zum Beispiel muss man wissen, bei welcher Temperatur ein Öl anfängt zu brennen. Eine Farbe anzurühren, ist nichts anderes als Kochen oder Backen".

Kochrezepte für Farben

Tatsächlich lesen sich die Anleitungen wie Rezepte für die Küche. Hier wie da braucht man ausgewählte Zutaten in exakt abgewogenen und aufeinander abgestimmten Mengen, die nach genauen Vorgaben zu verarbeiten sind. „Das Ei mit einem Mixer oder Schneebesen glattrühren, dann das Öl unter stetigem Rühren tropfenweise zugeben", beginnt zum Beispiel das Rezept für „Fette Tempera" – eine Emulsion aus wasserlöslichen und nicht-wasserlöslichen Bindemitteln – aus dem „Kremer Pigmente Rezeptbuch". Georg Kremer, Gründer und Senior-Chef des Unternehmens, hat darin 38 Rezepte aufgeschrieben, die auch Laien mit den entsprechenden Zutaten leicht zuhause nachkochen können. Zusammen mit seinem Sohn David, der in den Betrieb buchstäblich hineingewachsen ist und ihn heute mit derselben Leidenschaft weiterführt, überprüft und perfektioniert er die Herstellung von Aquarellfarben, Farbteigen, Ölfarben und Retouchierfarben oder sucht nach alten und neuen Rohstoffen für die Pigmentherstellung.

Als Inspiration dient dem promovierten Chemiker Georg Kremer neben der Freude am Experimentieren auch die Lektüre alter Bücher. So hat er in gut vier Jahrzehnten eine Fachbibliothek zusammengestellt, die ihresgleichen sucht: „Wir haben momentan

Das gemahlenen Pulver wird immer wieder gesiebt, bis nur noch allerfeinste Teilchen übrigbleiben.

5893 Bücher und gehen wohl sehr bald auf die 6000 zu. Wir kaufen sowohl neue Bücher als auch antiquarische, die für unseren Bedarf interessant sind", berichtet die hauseigene Bibliothekarin Kerstin. Ihr

Schließlich wird das fertige Pigmentpulver in Fläschchen abgefüllt.

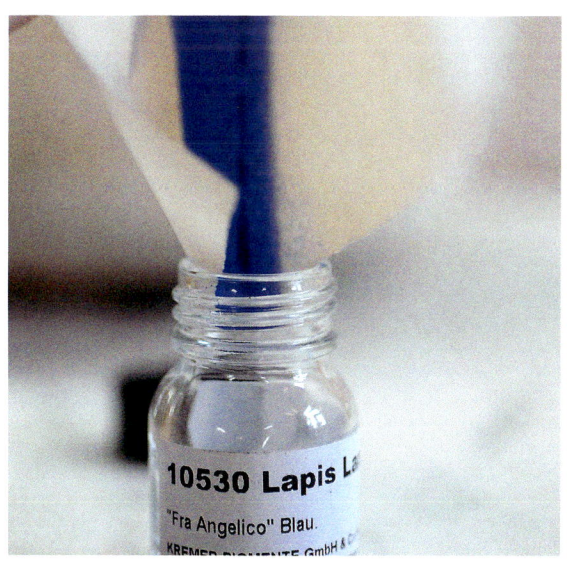

Schreibtisch steht in einem heimeligen Raum unter dem Dach der alten Mühle. Vom Fenster aus sieht sie den Mühlbach, der mit seinem stetigen Rauschen eine entspannte Atmosphäre schafft – und auf seinem Weg durchs Turbinenhaus den nötigen Strom zum Betrieb der Farbmühle erzeugt. Die Bücher stehen nach Fachgebieten geordnet im Regal; neben Schriften über Pigmente, Papierverarbeitung, Restaurierung, Konservierung, Maltechnik, Geologie, Chemie und Biologie finden sich auch Abhandlungen über Japanische und Chinesische Kalligraphie. Manche sind in Latein abgefasst, andere in altdeutscher Handschrift; die ältesten datieren aus dem 17. Jahrhundert. Die zahlreichen Einmerker zeugen davon, wie aufmerksam Kremer viele dieser Werke gelesen hat.

Sein fächerübergreifendes Interesse an den Naturwissenschaften und die Lust, den Dingen auf den Grund zu gehen, war dann auch die Basis für die Erfolgsgeschichte seiner Firma. Die begann 1975, als Georg Kremer noch in Tübingen Chemie studierte und sich eine Karriere als Hochschulprofessor ausmalte. „Damals fragte mich ein befreundeter Restaurator aus England um Rat, wo er ein bestimmtes Blau für das Deckengemälde einer Kirche bekommen könnte. Das

gab es nirgends mehr zu kaufen, also habe ich nachgeforscht und es für ihn produziert", so der Senior-Chef. Zwar war bekannt, dass es sich bei besagtem Blau um Smalte handelte – ein künstliches Pigment aus kobalthaltigem Glas, das schon von den alten Ägyptern gefertigt und verwendet wurde. Die genaue Rezeptur war indes nicht überliefert. Also las Kremer in alten Büchern nach und laborierte so lange herum, bis ihm die Herstellung von Smalte gelang. Sein erstes selbst hergestelltes Pigment legte den Grundstein für die heutige Farbmühle. Es lässt die beiden Pfosten in der Einfahrt so wunderbar blau leuchten – und wird noch immer ausschließlich hier in Aichstetten produziert.

Ein Kuchen aus strahlendem Blau

Der Farbmischer Daniel führt uns auf den Balkon über dem Mühlbach zum Brennofen, der etwa einmal pro Monat eigens für die Smalte-Herstellung in Betrieb genommen wird. Dazu wird eine zunächst grau gefärbte Masse aus Quarzsand, Pottasche und diversen Zusätzen – das genaue Rezept ist Betriebsgeheimnis – in Backformen gefüllt, bei 1100 Grad eine halbe Stunde im Ofen erhitzt und gleich danach in kaltem Wasser abgeschreckt. Der fertig gebackene Smalte-Kuchen hat sein Grau in das charakteristische Blau verwandelt und ist in seiner Form mächtig aufgegangen wie ein echter Kuchenteig mit zu viel Backpulver. Um daraus Smalte-Pigment zu machen, muss er nur noch aus der Form geschlagen und zu feinem Pulver zermahlen werden. Heute gehört das blaue Pigment zur Standardausstattung jeder Restauratoren-Werkstatt. Bedeutende alte Meister haben es verwendet; ihre Werke lassen sich nur mit den historischen Farben fachgerecht erhalten. So findet sich Smalte zum Beispiel in dem 1524 von Girolamo Romanino gemalten Ölbild „Die Geburt". Und auch Leonardo da Vinci hat bereits Ende des 15. Jahrhunderts Smalte für seine Bilder und Fresken verwendet, so auch für die erste Felsgrottenmadonna und die Mona Lisa.

Georg und David Kremer haben noch an die hundert weitere historische Pigmente wiederentdeckt

Nach einer halben Stunde bei 1100 Grad Celsius wird aus einer grauen Masse ein leuchtend blauer Block: das Pigment Smalte.

und für den Kunstmarkt zugänglich gemacht, darunter Elfenbeinschwarz, Jade, Island Rot, Malachit, Eierschalenweiß und Bergkristall. Teils stießen sie per Zufall darauf, wenn auf Urlaubsreisen ein Steinbruch oder Erdhaufen durch interessante Färbungen auffiel. Teils suchten sie gezielt an historisch überlieferten Orten nach bestimmten Erden oder Steinformationen. So fanden sie nach langer Suche in einem Steinbruch in der Oberpfalz jene eisenoxidhaltige Erde, aus der jahrhundertelang Ocker gewonnen und zu Wandfarbe für die Häuser verarbeitet wurde. Die Auswahl an selbst hergestellten Pigmenten wird ergänzt durch die besten – und teuersten – Produkte aus aller Welt: Ein Gramm Pigment aus tiefblauem afghanischem Lapislazuli ist für 32 Euro zu haben. Für dieselbe Menge echten Purpurs muss man stolze 2500 Euro ausgeben – schließlich haben dafür rund 10 000 Meeresschnecken ihr Leben gelassen. Zum Malen wird das kostbare Purpur heute kaum mehr verwendet; vielmehr dient es Restauratoren und Sammlern als Referenz, um in historischen Kunstwerken verwendete Farben zu identifizieren. Neben Kunstschaffenden nutzen auch Musikinstrumentenbauer das reiche Angebot an Material und Know-how der Familie Kremer: Denn auch Geigen und Flügel brauchen die richtige Mischung aus Pigmenten, Bindemitteln und Firniss, die sie angemessen schmückt und schützt.

Die Kundinnen und Kunden wissen neben Vielfalt und Qualität der Kremer'schen Farbpigmente vor allem auch die gemeinsame Suche nach dem jeweils besten Produkt zu schätzen. „Letztes Jahr hat ein Kunde ein sehr altes Haus renoviert und wollte dazu den passenden Anstrich. Also haben wir eine Farbe herausgesucht, die vor 150 Jahren in dieser Region verwendet wurde", erinnert sich Andrea Bartenschlager. Und nach dem verheerenden Brand in der Herzogin-Anna-Amalia-Bibliothek in Weimar entwickelten Vater und Sohn für den Anstrich der Bücherregale eine Farbe, die möglichst nahe an den einstigen Originalanstrich heranreichte. Diese Beispiele zeigen, dass Farben nicht allein aus Rohstoffen und deren fachgerechter Verarbeitung entstehen. Eine entschei-

dende Rolle komme auch den historischen und geschichtlichen Werten der Pigmente zu, betont Georg Kremer. Mit seinem Lebenswerk hat er weitaus mehr erreicht, als seiner Familie ein einträgliches Geschäft zu sichern. Durch die Wiederentdeckung schon verloren geglaubter Pigmentrezepturen gelang es ihm, ein Kulturgut der Menschheit zu erhalten.

Die Madonna in der Felsengrotte. Für dieses Bild hat Leonardo da Vinci den Farbstoff Smalte verwendet.

Marieluise
Denecke

Ein Becken voll Blau

Glasklar tropft der Regen aus den Wolken. Doch auf der Erde angekommen, wird das Wasser in unseren Augen zum blauen Meer, grünen See oder schwarzen Fluss. Woran liegt das?

In der Schwäbischen Alb liegt ein kleines Naturphänomen: der sogenannte Blautopf von Blaubeuren. Groß ist die Quelle des Flusses Blau nicht, und doch ist sie spektakulär, denn das Wasserbecken leuchtet in allen Schattierungen von Blau. Doch wie kommt diese Farbung zustande? Das Wasser, das aus der Leitung kommt, ist schließlich klar. Auch Regenwasser ist durchsichtig. Seen und Meere erscheinen uns aber fast immer blau, grün oder grau. Warum?

Damit es zum Farbenspiel kommt, braucht es natürlich Licht. Aus dem Physikunterricht wissen die meisten noch, dass uns ungefiltertes Licht als weiß erscheint. Erst, wenn bestimmte Wellenlängen aus diesem Spektrum herausgefiltert werden, nehmen wir Farbtöne wahr. Dieses „Filtern" passiert, wenn Wel-

lenlängen durch etwas aufgehalten werden, wenn sie zum Beispiel auf Partikel stoßen. Dieser physikalische Effekt heißt Rayleigh-Streuung. Sie bezeichnet die Streuung von elektromagnetischen Wellen an Teilen, die kleiner sind als die Wellenlänge, die auf sie trifft.

Das ist auch der Fall bei dem wunderschönen Blautopf. Sein Quellwasser kommt als Regen auf die Erde und nimmt bei seinem Weg durch den kalkhaltigen Boden viele Mineralteilchen auf. Bei Blaubeuren drängt das Wasser zurück an die Erdoberfläche, angereichert mit vielen kleinen Kalkpartikeln. An ihnen streut sich das Sonnenlicht, und besonders gut verteilt wird eine bestimmte Wellenlänge: Das Wasser scheint intensiv blau zu leuchten.

Die Blaue Lagune von Malta: Das Wasser ist hier glasklar, von außen aber nehmen wir unterschiedliche Blautöne wahr.

46

Der Rio Tinto in Andalusien ist durch Mineralien wie Eisen, Kupfer und Schwefel rot gefärbt.

Doch es gibt zusätzlich noch einen zweiten Effekt, der Wassermassen blau erscheinen lässt: die Absorption. Wassermoleküle haben die Eigenschaft, kurzwelliges, also blaues Licht besonders gut hindurchzulassen. Längere und sehr viel kürzere Wellenlängen hingegen absorbieren die Moleküle stark. Bei geringen Mengen wie in einem Glas oder in einer Regentonne kann man diesen Effekt nicht beobachten, hier bleibt das Wasser durchsichtig. Taucht man aber zehn Meter tief, kann man langwelliges rotes Licht nicht mehr wahrnehmen. Was bleibt, ist blaues Licht, welches noch in eine Tiefe von etwa 60 Metern reicht. Ab 200 Meter Tiefe dringt so gut wie kein Licht mehr von oben durchs Wasser – hier beginnt das gefühlte Schwarz der Tiefsee.

Türkis am Strand, grau im Watt

Blicken wir von außen auf das Meerwasser, kommen beide Aspekte zum Tragen, dazu wirken sich noch Tiefe und Untergrund auf die Farbe aus, die wir wahrnehmen. So ist Wasser in Küsten- oder Strandnähe meist deutlich heller und oft auch türkisfarbener, weil es hier zum einen flacher ist und zum anderen mehr Sand-, Ton- oder Kalkteilchen enthält. Deren Eigenfarbe verschiebt den Spektralbereich in Richtung Grün. Sind sehr viele Schwebstoffe im Wasser wie etwa im schlickreichen Wattenmeer, reicht die Absorption nicht aus, das Wasser wirkt eher grau als blau.

Wenn Wasser andere, ungewöhnlichere Farben annimmt, dann liegt das meist an Verunreinigungen. Flüsse oder Seen können bräunlich, gelblich oder milchig-weiß wirken, weil sie Sedimente aus dem Boden herausgewaschen haben, je nach Beschaffenheit des Untergrunds. So erscheint der über 2,2 Kilometer lange Rio Negro ("Schwarzer Fluss") im Amazonas kaffeebraun. Bei ihm handelt es sich um einen Schwarzwasserfluss, wie er in tropischen Gebieten häufig vorkommt: Vom Regen ins Flussbett gewaschene Sedimente und organische Säuren sorgen für die dunkle Färbung. Das Wasser des Rio Tinto ("Roter Fluss") in Andalusien hingegen leuchtet dunkelrot. Dafür sind hohe Konzentrationen an Eisensalzen und Sulfaten aus umliegenden Minen verantwortlich.

Grün gefärbt wird Wasser wiederum von Organismen, die Chlorophyll enthalten, etwa Plankton, Algen oder Cyanobakterien ("Blaualgen"), die in heißen Sommern auch in deutschen Badeseen auftreten und gesundheitsschädlich sein können. Je wärmer ein Gewässer ist, desto wohler fühlen sich solche Organismen darin.

Und deshalb wirkt sich auch der Klimawandel auf die Farben der Meere aus, wie eine Studie des Massachusetts Institute of Technology aus dem Jahr 2019 zeigt. Sie errechnet das Vorkommen von Phytoplankton in den Weltmeeren bis ins Jahr 2100, wenn deren Durchschnittstemperatur bis dahin um drei Grad steigt. Phytoplankton ist ein Oberbegriff für mehrere Algen, Dinoflagellaten und Cyanobakterien, die Fotosynthese betreiben und essenziell für die Nahrungskette der Meere sind.

Doch wenn die Temperatur der Ozeane steigt, werden sich kalte und warme Gewässerschichten schlechter vermischen, weil Strömungen unregelmäßiger und träger werden. Für manche Arten des Phytoplanktons könnte das laut Studie das Aus bedeuten – während anderswo Bestände zu explodieren drohen. Bis zum Jahr 2100, so die Wissenschaftler, wird die Hälfte der Meere dadurch entweder einen kräftigeren Blau- oder Grünton annehmen. Diese Verfärbungen verändern nun ihrerseits die Temperatur des Meeres an dieser Stelle und wirken sich womöglich auch auf die Bildung von Wirbelstürmen aus. Die Farben könnten somit eine Art Frühwarnsystem darstellen.

Ein strahlend schönes i

Ralf Stork

Eva Kaynak ist Synästhetin. Jedes Wort, das sie hört, sieht sie auch in bunten Farben vor sich. Eine besondere Form der Wahrnehmung, die gar nicht so selten ist, aber noch längst nicht vollständig erklärt.

Die Farben seiner „Actions variées" waren für den Synästheten Wassily Kandinsky eng mit Klängen und Formen verknüpft.

Eva Kaynak hat ein besonderes Verhältnis zu Farben. Es gibt Tage, da kann sie ihren Lieblingspullover nicht anziehen, weil die Farben nicht zu ihrer Stimmung passen wollen. Manchmal entstehen bunte Formen vor ihrem inneren Auge, die sie dann später auf Papier bringen muss. Ständig sind da Farbexplosionen in ihrem Kopf. Weil jeder Buchstabe von jedem Wort, das sie hört, ein ganz spezielles Farbempfinden auslöst. Das „i" zum Beispiel ist ein sehr guter Buchstabe. Mit seiner Strahlkraft

taucht er andere Buchstaben gleich mit in sein satt leuchtendes Gelb. Übertroffen wird es nur vom „ie", der einzigen Buchstabenkombination, die aus mehreren Farben besteht. „Gelb, Orange und Rot, ein bisschen wie ein loderndes Feuer", sagt Kaynak. Mit ihrem Vornamen dagegen hat sie lange gehadert. Eva. Das Rosa des „E" gefällt ihr einfach nicht besonders gut.

Kaynak ist Synästhetin. Das Wort leitet sich aus dem griechischen *syn* (= zusammen) und Ästhesis

48

(= Empfinden) ab. Bei Synästheten verarbeitet das Gehirn Informationen, die bei den meisten Menschen nur eine Wahrnehmung auslösen, mit mehreren Sinneseindrücken gleichzeitig. Die Mehrheit hört Musik und Sprache, aber sieht Töne und Buchstaben nicht zusätzlich in bunten Farben. Auch können die meisten keine Bewegungen hören, Geschmack als geometrische Form wahrnehmen oder Töne schmecken. Doch all das gibt es: Bisher sind mehr 80 Synästhesien bekannt und beschrieben. Und die Liste wächst kontinuierlich. Die Farb-Graphem-Synästhesie, bei der wie bei Eva Kaynak Zahlen und Buchstaben mit bestimmten Farbwahrnehmungen verknüpft werden, gehört zu den häufigeren Formen.

Was ist schon normal

„Seit ich denken kann, sind Buchstaben und Zahlen für mich mit Farben verbunden", sagt Eva Kaynak. Die 60-Jährige sitzt in ihrem Atelier, einem lichten Raum mit großen Schaufenstern; an den Wänden hängen bunte Linoldrucke und abstrakte Bilder. Auf vielen davon sind Rechtecke zu sehen. „Das ist meine Form."

„Als ich klein war, ging ich davon aus, dass alle Menschen so wahrnehmen wie ich." Nicht, dass sie groß darüber nachgedacht hätte. Wahrnehmung passiert ganz automatisch, ohne dass wir sie irgendwie steuern würden. „Mit 14 oder 15 habe ich dann beiläufig mal von den blauen und gelben Buchstaben erzählt", erzählt sie, „das kam nicht so gut an." Ihre Mitschülerinnen fanden es befremdlich, dass jemand die Welt so anders wahrnahm als sie.

Nach diesen negativen Erfahrungen überlegte sich Eva Kaynak sehr genau, wem sie von ihren Farben erzählt. Ihre Fähigkeit blieb jahrelang ihr Geheimnis. „Ich habe damals wirklich geglaubt, ich bin mit meiner Art der Wahrnehmung allein auf der Welt." Das änderte sich erst 2012. Eine Freundin war zufällig auf einen Artikel über Synästhesie gestoßen und hatte gleich die Parallelen gesehen.

„Der Artikel war eine Befreiung für mich", erinnert sich Kaynak. Plötzlich war sie nicht mehr allein. Plötzlich gab es da andere, mit denen sie sich austauschen

konnte. Und – noch viel besser: Seitdem gibt es ein schönes Fremdwort, das ihre Besonderheit beschreibt. Synästhesie. Synästhetin. An die Stelle der Wortlosigkeit ist eine wissenschaftliche Erklärung getreten. Sie ist nicht länger der Freak, der Sonderling, sondern Teil eines faszinierenden, gut erforschten, neurologischen Phänomens.

Es gibt Schätzungen, denen zufolge bis zu vier Prozent der Bevölkerung synästhetisch wahrnehmen. So genau weiß das keiner, weil vielen gar nicht klar ist, dass an ihrer Wahrnehmung etwas besonders ist. Auch Eva Kaynak hat erst vor ein paar Jahren herausgefunden, dass sie auch noch eine sogenannte Ticker-Tape-Synästhetin ist: Jedes gesprochene Wort sieht sie vor ihrem rechten Auge wie ein Nachrichtentickerband vorbeiziehen. Man weiß, das Synästheten bei Gedächtnistests überdurchschnittlich gut abschneiden. Und dass der Anteil bei Künstlern deutlich erhöht ist. Die Musikerin Billie Eilish zum Beispiel ist

Eva Kaynak sieht Buchstaben und Zahlen in bestimmten Farben. Das Bild zeigt ihre Wahrnehmung der türkischen Sprache.

Synästhetin. Sie kann ihre Lieder in unterschiedlichen Farben und auch räumlich sehen. Für ihr Debut-Album hat sie ein Museum eingerichtet, in dem sie einen eigenen Raum für jedes Lied gestaltet hat. Beim Maler Wassily Kandinsky löste Musik intensives Farbempfinden aus. Und auch für die Komponisten Franz Liszt, Leonard Bernstein oder Olivier Messiaen hatten ihre Werke eine farbige Dimension.

Was bei Synästhesien genau im Gehirn passiert – und warum – ist noch nicht abschließend geklärt. Was man weiß: Synästheten haben mehr graue Substanz in den Bereichen des Gehirns, die für die Farbwahrnehmung und für die Verknüpfung von Sinneseindrücken verantwortlich sind. Das spricht für eine intensivere Nutzung dieser Regionen. Ein Erklärungsansatz geht daher von einer stärkeren Vernetzung (Hyperbinding) verschiedener Gehirnregionen bei Synästheten aus. Nach einem anderen Modell könnte die synästhetische Wahrnehmung dadurch entstehen, dass die Hemmung im Gehirn (Inhibition), die dafür sorgt, dass bestimmte Hirnareale getrennt voneinander arbeiten, reduziert ist.

Man kann sich aber gut vorstellen, dass synästhetische Wahrnehmung in der Frühzeit der Menschen Vorteile hatte. Denn sie kann die Einschätzung von Situationen erleichtern. Wenn zum Beispiel ein Geräusch zusätzlich eine Farbe hat, kommt das Gehirn schneller zu dem Schluss, ob das Geräusch zu einem harmlosen oder einem gefährlichen Tier gehört. In unserer lauten, bunten und hektischen Welt von heute kann solche Feinsinnigkeit jedoch leicht zur Reizüberflutung führen.

Malerei als Ausdrucksmittel

Als Eva Kaynak endlich ein Wort für ihre Besonderheit hat, hatten die Farben schon lange begonnen, aus ihrem Inneren nach außen zu treten. Für Malerei hatte sie sich schon immer interessiert, seit 2001 geht sie diesem Interesse gezielt nach. Und seit 2016 hat sie ihr eigenes Atelier mit Galerie. Die Kunst ist für Eva Kaynak zu einem wichtigen Experimentierfeld mit der eigenen Wahrnehmung geworden: Einige Bilder in der Galerie hat sie eins zu eins von ihrem inneren Auge abgemalt. Andere sprechen eher zufällig synäs-

Auf solchen Farbtafeln versucht Eva Kaynak, die Farben, die sie sieht, festzuhalten.

thetisch zu ihr. Kaynak holt ein Blatt hervor, farbige Schwünge in rot und blau und grün sind darauf zu sehen, vor einem gelblichen Hintergrund. Eigentlich nur eine Übung, beiläufig entstanden. Aber als das Blatt fertig war und Kaynak es genauer betrachtete, sah sie eine Zahl. 47 675. Manchmal auch – je nach Stimmung – eine 46 745. Die Zahlen haben sich ihr so deutlich materialisiert, dass sie sie auf der Rückseite des Bildes aufgeschrieben hat.

Kaynak zeigt noch ein anderes Werk: Über einem Hintergrund aus blauen, gelben und roten Tupfern liegt ein Raster grüner, fast sternförmiger Waben. Auch ein Zufallsprodukt. Das grüne Raster war die Schablone eines Linoldrucks, die sie einfach über das andere Bild gelegt hat. Das Ergebnis war verblüffend. „Jetzt ist das für mich eine ziemlich genaue farbliche Entsprechung der türkischen Sprache", sagt sie. Während des Studiums in den 80er-Jahren hat sie Türkisch gelernt, später einen Deutschtürken geheiratet. „Die vorherrschende Farbe im Türkischen ist für mich das Grün der vielen Üs und Ös. Schon das Wort Türkiye ist von Grün getragen, gemischt mit dem gelben ‚i' und einem in diesem Fall nicht unangenehmen Rosa. Einfach schön."

Und dann ist da noch ein Projekt, dass sich direkt dem Thema Synästhesie widmet. So groß und beschwerlich wie eine Forschungsreise in ein unzugängliches Gebiet. „Ich versuche, genau die Farben, die ich vor meinem inneren Auge sehe, auf Papier zu bringen." Begonnen hat das Ganze mit einer Übersetzung: Auf Anregung einer Freundin versuchte Kaynak, ein Volkslied in Farben zu übertragen. Für jeden Buchstaben malte sie ein andersfarbiges Kästchen. Mit dem Ergebnis ist sie höchstens halb zufrieden. Zu schematisch die Darstellung. Das „i" und andere schöne, leuchtende Buchstaben blieben in dem System eingeengt und genau gleichrangig mit den eher grauen Konsonanten, die sie in Wirklichkeit doch überstrahlen und mit zum Leuchten bringen.

Überhaupt die Farben: „Selbst, wenn die im ersten Moment stimmen, kann es sein, dass sie sich verän-

Für die Sängerin Billie Eilish haben Töne Farben, Gerüche und Textur. Dieser Raum soll ihr Empfinden eines ihrer Songs abbilden.

dern, wenn sie trocken werden, oder dass sie mit der Zeit verblassen", sagt Kaynak. Wie akribisch sie bei der Suche ist, kann man anhand der großen Blätter mit Farbmischungen erahnen, die sie im Laufe der Zeit angefertigt hat und die in ihrer Gesamtheit selbst zum großen Kunstwerk werden. Mehrere 1000 Farbnuancen hat sie schon Kästchen für Kästchen festgehalten. Aktuell experimentiert Eva Kaynak auch mit neuen Farben: Reine Pigmente, die sie mit Gummi Arabicum und Glycerin mischt. Die bisherigen Ergebnisse sind vielversprechend. Warum das mit der genauen Farbwiedergabe aber jetzt so wichtig für sie ist, weiß sie selbst nicht so genau.

Vielleicht sucht sie nach einer Möglichkeit, anderen ihre synästhetische Wahrnehmung näherzubringen. Vielleicht geht es ihr aber auch darum, die Farben, die sie so lange vor anderen versteckt hat, ans Licht zu bringen. Damit endlich ein harmonisches Gleichgewicht zwischen äußerer und innerer Farbwelt entstehen kann.

Die Landsat-
Satelliten der
Nasa vermessen
seit 1972, wie
sich die Ober-
fläche der Erde
verändert.

Vegetation Index
16 day, Terra/MODIS
2019-09-30

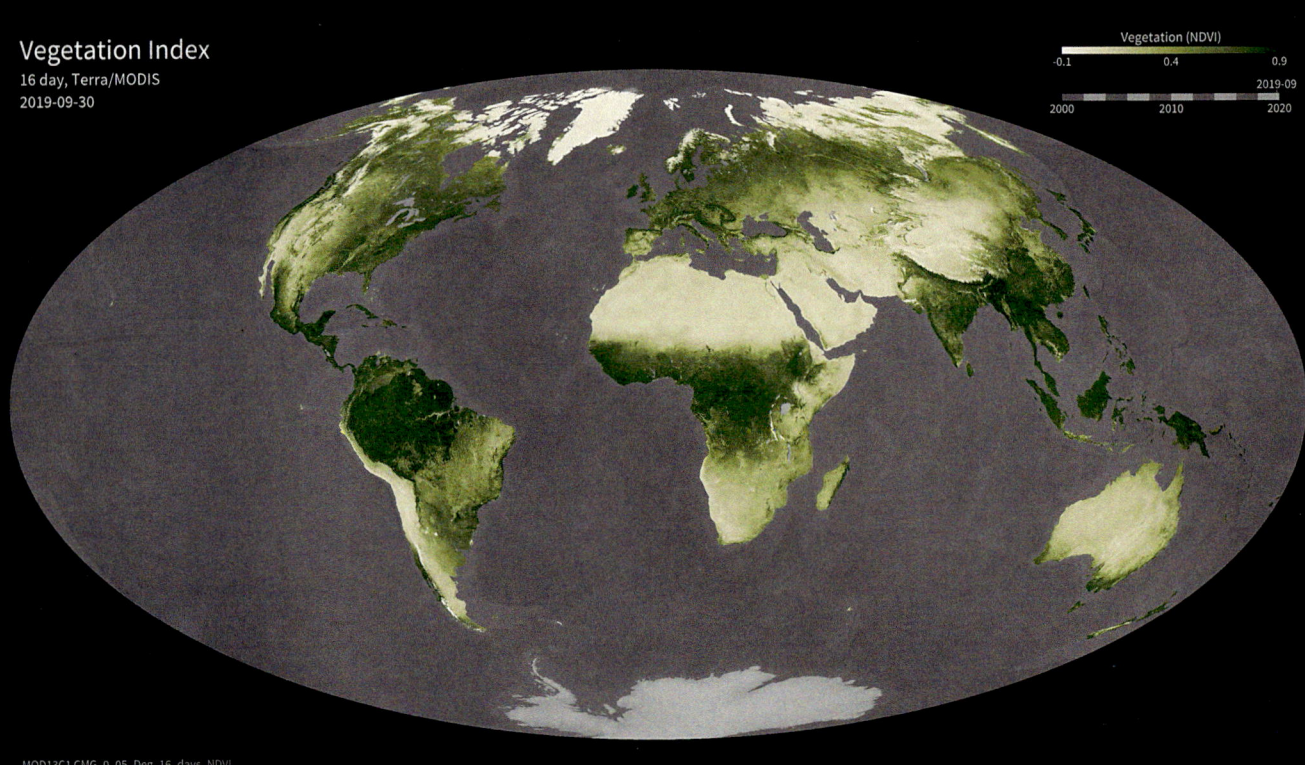

Vegetation (NDVI)
-0.1   0.4   0.9
2019-09
2000   2010   2020

MOD13C1 CMG_0_05_Deg_16_days_NDVi

Diese Visualisierung des Vegetationsindex zeigt,
wie grün die Erde im Jahr 2019 war.

Die Farben des Klimawandels

Benjamin
von Brackel

Wer aus dem All auf den Planeten blickt, kann eine Veränderung der Grün- und Brauntöne feststellen – ein Anzeichen für einen gravierenden Wandel auf der Erde.

An Heiligabend 1968 wurde die Erde ihrer selbst gewahr. An diesem Tag flogen der Pilot William Anders und seine zwei Mitinsassen im Raumschiff Apollo 8 um den Mond. Während sie das vierte Mal den grauen Trabanten umrundeten, tauchte am Horizont eine zur Hälfte beschienene, weißblaue Kugel in der Ferne auf. William Anders war überwältigt von dem Anblick, griff sich seine Hasselblad-500-Kamera und machte das erste Farbfoto der Erde aus dem All.

Mit dem Foto, das unter dem Namen „Earthrise" – Aufgang der Erde – berühmt wurde, veränderte sich die Perspektive der Menschheit. Hatte sie bis dahin immer nur von der Erde weggeschaut, was ihrem Expansionsdrang entsprach, wurde ihr nun mit einem Mal die Zerbrechlichkeit und Schönheit des eigenen Planeten klar. Und das trug nicht nur zur Entstehung der weltweiten Umweltbewegung bei, sondern inspirierte auch die NASA dazu, statt ferner Sonnen und Monde nun auch die Erde selbst in den Blick zu nehmen.

Am 23. Juli 1972 schoss die US-Raumfahrtbehörde einen Satelliten in die Umlaufbahn, der erstmals die Landoberfläche der Erde vermessen sollte. Seither folgten viele weitere, deren Messapparate Landsat, Modis oder AVHRR heißen. Diese tasten ständig die Pflanzenbedeckung auf dem Planeten ab. Und nach über vier Jahrzehnten lieferten sie einen spektakuläreren Befund: Die Erde war ergrünt.

Treffen Sonnenstrahlen auf ein Blatt, absorbiert dieses einen Teil der Strahlung, um Fotosynthese zu betreiben. Einen anderen Teil lässt es hindurch und ein dritter Teil wird vom Chlorophyll in den Blattzellen zurück ins All reflektiert. Und zwar besonders der grüne Teil des elektromagnetischen Spektrums, weshalb wir die Blätter in grüner Farbe sehen.

Um zu messen, wie grün die Oberfläche an einem bestimmten Punkt ist, müssen die Spektrometer und Radiometer an den Satelliten aber nicht nur die Strahlung des sichtbaren Grüns einfangen, sondern auch die Infrarotstrahlen. Denn die Wellenlänge im grünen Bereich allein reicht nicht aus; Wasser etwa reflektiert dort ähnlich stark und würde Messungen verfälschen. Erst wenn man Rot und Infrarot mit dazu nimmt, ergibt sich die ganz spezielle spektrale Signatur von Vegetation. „Aus dem Unterschied der Reflexion der Sonnenstrahlung im nahen Infrarot und Rot bestimmen wir einen Vegetationsindex", erklärt der Umweltwissenschaftler Matthias Forkel von der Technischen Universität Dresden. „Dieser verrät uns, wie vital die Vegetation ist."

Die Botschaft der Blätter

Je nachdem, ob das Sonnenlicht also auf ein grünes Blatt trifft, auf den Erdboden oder auf Wasser, Sand oder Schnee, wird es unterschiedlich stark absorbiert und zurück ins All reflektiert. Aus der Wellenlänge des zurückkehrenden Lichts lässt sich dann darauf schließen, wie viel Blattmasse an einem bestimmten Punkt auf der Erde vorhanden ist. Daraus lässt sich eine Karte der Weltvegetation zeichnen, die sich ständig fortschreibt und inzwischen einen klaren Trend wiedergibt: Die Vegetation ist auf dem Vormarsch.

In Sibirien und Kanada stoßen Nadelwälder in die Tundra vor, wo bisher nur Gräser und Sträucher bestehen konnten. In den USA breiten sich Ahorn- und Buchenwälder nach Norden aus. Das tibetische Hochplateau bedeckt sich mit Grasland. In der chinesischen Bergregion Shangnan gedeihen Kiefer, Korkeiche, Spitzahorn und Pistazie auf den vor Jahren gerodeten Flächen. Und in der Sahel-Region am Südrand der

53

Sahara mehren sich Büsche und Bäume. Selbst in den Tropen verdichtet sich der Regenwald.

Es klingt wie ein Zukunftsszenario für eine Zeit nach dem Menschen, wenn die Pflanzen nach und nach ihr verlorenes Gebiet zurückerobern. Doch es ist die Beschreibung der Welt von heute. Ein Viertel bis die Hälfte der bewachsenen Landfläche sei in den vergangenen 30 Jahren grüner geworden, schrieben Forscher um den Erdwissenschaftler Zaichun Zhu von der chinesischen Akademie der Wissenschaften im Jahr 2016. Wobei „grüner geworden" viel bedeuten kann: Pflanzen können in die Höhe wachsen, dichter wachsen und mehr und größere Blätter ausformen sowie zusätzliche Flächen bedecken. Auch möglich ist, dass sich der Vegetationstyp und damit auch das Grün ändert: Dort, wo sich einst ein paar spärliche Moose und Flechten an den Erdboden hefteten, können Büsche oder Sträucher entstehen, später auch Bäume.

Bisher kann kaum unterschieden werden, welche Entwicklung vorliegt, doch die Wissenschaftler arbeiten an entsprechenden Algorithmen. Insgesamt, so die Analyse, sei jedenfalls zwischen 1982 und 2009 auf der Erde eine Fläche zusätzlich ergrünt, die doppelt so groß ist wie die der Vereinigten Staaten von Amerika. Besonders stark nahm demnach die Vegetation im Südosten der USA zu, im nördlichen Amazonas, in Europa, Zentralafrika und Südostasien.

Aber die Forscher belassen es nicht bei dieser überraschenden Feststellung; sie beantworteten auch die Frage, warum die Vegetation zunimmt. Dafür hatten sie zehn Computermodelle mit Einflussgrößen gefüttert wie dem CO_2-Gehalt, dem Klima, der unterschiedlichen Nutzung von Land oder dem Stickstoffgehalt im Boden. Sie ließen die Ökosystem-Modelle mehrmals durchlaufen, aber betrachteten immer nur die Wirkung einer der Größen. Das Ergebnis war ziem-

Die Ergrünung hat viele Gründe: In China werden zum Beispiel riesige Flächen aufgeforstet.

lich eindeutig: Allein die Zunahme des CO_2-Gehalts der Luft durch die Verbrennung von Öl, Kohle und Gas konnte 70 Prozent der Ergrünung erklären. Die Blätter nehmen das Kohlendioxid über ihre Spaltöffnungen auf, um es mit Hilfe von Sonnenlicht sowie Nährstoffen und Wasser aus dem Boden in Sauerstoff und Zucker umzuwandeln. Gärtner wissen seit Langem, dass CO_2 wie Dünger wirkt. Damit ihr Gemüse, ihre Blumen und Bäumchen besser wachsen, leiten sie das Klimagas in ihre Gewächshäuser ein. „Die Pflanzen wachsen stärker, sind fitter, können mehr Samen und Wurzeln produzieren, die mehr Wasser und Stickstoff aus dem Boden aufnehmen können", erklärt die Ökosystemforscherin Almut Arneth vom Karlsruher Institut für Technologie.

Klimaerwärmung und Aufforstung

Aber auch veränderte klimatische Bedingungen spielen eine Rolle. Auf sie kann man acht Prozent des zusätzlichen Pflanzenwachstums zurückführen. In nördlichen Breitengraden und auf dem tibetischen Hochplateau konnten sich durch die Erderwärmung Pflanzen ansiedeln, denen es bis dahin dort einfach zu kalt war. Die höheren Temperaturen beförderten die Fotosynthese und verlängerten die Wachstumssaison. Für die Ergrünung in der Sahel-Zone und in Südafrika, die auch schon frühere Studien beobachtet hatten, gab es hingegen eine dritte Erklärung: Dort fiel schlicht mehr Regen. In manchen Weltregionen greift der Mensch aber auch direkt ein, etwa indem er aufforstet, was zu vier Prozent des grünen Zuwachses beitrug. Besonders stark fiel dies im Südosten Chinas ins Gewicht, wo die Regierung ein massives Aufforstungsprogramm umsetzt. Auch im Südosten der USA zeigten sich positive Effekte. In manchen tropischen Regionen hingegen nahm die Pflanzenbedeckung ab, weil zu viele Bäume gefällt wurden.

Wenn Pflanzen auf der ganzen Welt einen Wachstumsschub erfahren und dadurch wiederum mehr CO_2 aufnehmen können, wirkt das dem Klimawandel grundsätzlich entgegen. Landpflanzen und Boden haben fast ein Drittel des durch die Menschen in die

Atmosphäre gepusteten Kohlenstoffs wieder aufgenommen. Mithilfe der Satellitenmessungen konnten die Wissenschaftler nun zumindest teilweise erklären, wo dieser zusätzliche Kohlenstoff hinwandert – in die Flächen, die grüner geworden sind.

Unbegrenzt kann die Welt allerdings nicht grüner werden. Und das hängt mit dem Stickstoff im Boden zusammen, dem zweiten wichtigen Stoff, den Pflanzen zum Wachsen brauchen. Einen Mangel daran gibt es nicht, vielmehr bemüht man sich in Europa und den USA darum, den Eintrag in den Boden zum Schutz des Grundwassers zu begrenzen. In den Schwellenländern steigt er dafür weiter an. Das liegt vor allem am wachsenden Einsatz von Dünger sowie an der Verbrennung von Kohle oder Holz. Wird die CO_2-Konzentration in der Luft aber zu groß, bekommen viele Pflanzen Schwierigkeiten, den Stickstoff aufzunehmen: Eine natürliche Schranke für das CO_2-gedopte Pflanzenwachstum. Steigt der Kohlendioxid-Gehalt weiter, könnte sich dadurch in einigen Jahrzehnten erst eine Sättigung der Vegetation einstellen und

In Alaska schmilzt der Permafrost und lässt den Boden instabil werden. Die Folge sind solche „betrunkenen Bäume".

dann sogar eine Umkehr des Effekts. Für den Klimaschutz hätte das gravierende Folgen.

Neuere Studien zeigen außerdem, dass eine Zunahme am Blattflächengrün nicht gleichbedeutend sein muss mit der Ausbreitung von Wäldern und Wiesen. Einen maßgeblichen Anteil am zusätzlichen Grün hatten in den vergangenen Jahren China und Indien mit ihrem Getreide- und Gemüseanbau. Und zwar nicht mit einer Ausweitung der Flächen, sondern mit einer Intensivierung des Anbaus durch mehr Fruchtfolgen im Jahr, massiver Bewässerung und Düngemittel- und Pestizideinsatz. Auch wenn das aus dem All „grün" erscheinen mag, so speichern diese Flächen in der Regel weniger CO_2 als ein intakter Wald.

Mehr Braun im Norden

Seit wenigen Jahren beobachten Forscher außerdem eine Trendumkehr an manchen Orten der Welt: Dort wird es brauner statt grüner. Schon 2008 wurde das Phänomen in manchen Nadelwäldern Alaskas registriert, wo in den Jahren zuvor starke Waldbrände gewütet hatten. Auch im Norden Kanadas und Sibiriens war das der Fall. In Sibirien sorgten aber nicht nur Waldbrände für das sogenannte Browning. Taut der Permafrostboden im Zuge der Erderwärmung auf, verwandelt sich einst fester Boden in eine Seenlandschaft. Die Folge: Bäume verlieren den Halt und kippen um. Wissenschaftler sprechen vom Phänomen der „betrunkenen Bäume".

Aber auch Holzeinschlag wie in Brasilien oder im Kongo, massiver Insektenbefall infolge der Erwärmung oder das Ausbleiben von Regenfällen kann dazu führen, dass die Vegetation ihr Grün einbüßt, wie es in den vergangenen drei Jahren in Teilen Deutschland der Fall gewesen war. „Wir sehen bereits, dass der Blattflächenindex infolge des Waldverlusts durch Dürren und Borkenkäfer abgenommen hat", sagt der Dresdner Umweltwissenschaftler Matthias Forkel. „Allerdings kann das auch ein kurzfristiges Ereignis sein, da ja Vegetation wieder nachwächst."

Auf rund vier Prozent der bewachsenen Erdoberfläche schrumpfte zuletzt die Pflanzenbedeckung, etwa im Nordwesten Amerikas und im Zentrum Süd-

Trockenheit und der Borkenkäfer haben auch den deutschen Wäldern schwer zugesetzt; besonders Fichten sterben massenhaft ab.

amerikas. Manche Wissenschaftler vertreten sogar die Ansicht, dass sich der Trend zu mehr Grün weltweit bereits abschwächt und die Regenwälder Amazoniens schon in wenigen Jahrzehnten von einer Kohlenstoffsenke in eine Emissionsquelle verwandeln könnten. Andere sehen im Browning hingegen ein kurzfristiges und lokal begrenztes Phänomen. So oder so, die Dynamik des „Greening" und „Browning" ist komplexer und weniger eindeutig, als viele lange dachten. In ein und derselben Region können beide Phänomene nebenher auftreten oder sich sogar am selben Ort abwechseln. „Momentan ist das Greening noch deutlich stärker verbreitet", sagt Forkel. „Wie sich das in Zukunft aber weiterentwickelt, ist schwer abzuschätzen."

Selbst wenn es noch längere Zeit immer grüner werden würde, muss das nicht überall auch dem Kli-maschutz dienen. Grund ist der Albedo-Effekt: Weil Bäume dunkler sind als viele andere Oberflächen, absorbieren sie die Sonnenstrahlen stärker als zum Beispiel ein Schneefeld, das die einfallenden Strahlen reflektiert. Obwohl die Bäume aus der Luft CO_2 aufnehmen, es in Holz und Boden speichern und durch Verdunstung ihre Umgebung abkühlen, können sie also in manchen Regionen netto zur Erwärmung beitragen, vor allem in der Arktis oder im Hochgebirge. Zumindest können Wissenschaftler inzwischen berechnen, wo es sich für den Klimaschutz lohnt, Wälder aufzuforsten – und zwar dank der Beobachtung der Satelliten aus dem All. Um aber den Klimawandel in den Griff zu kriegen, wird es nicht ausreichen, sich auf eine grünere Erde zu verlassen. Das müssen die Menschen schon selber schaffen.

Tiere

Die Fähigkeit zum Farbensehen hängt von verschiedenen Sehzellen auf der Netzhaut ab.

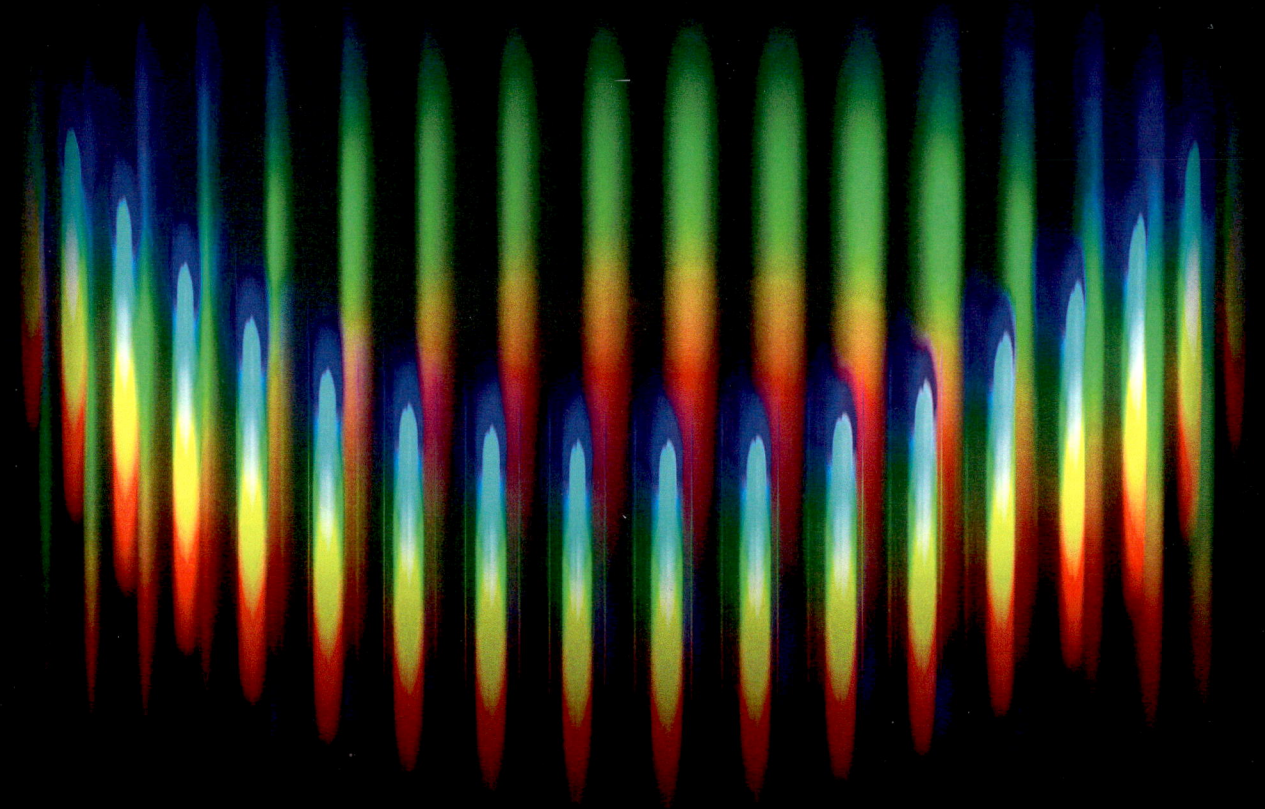

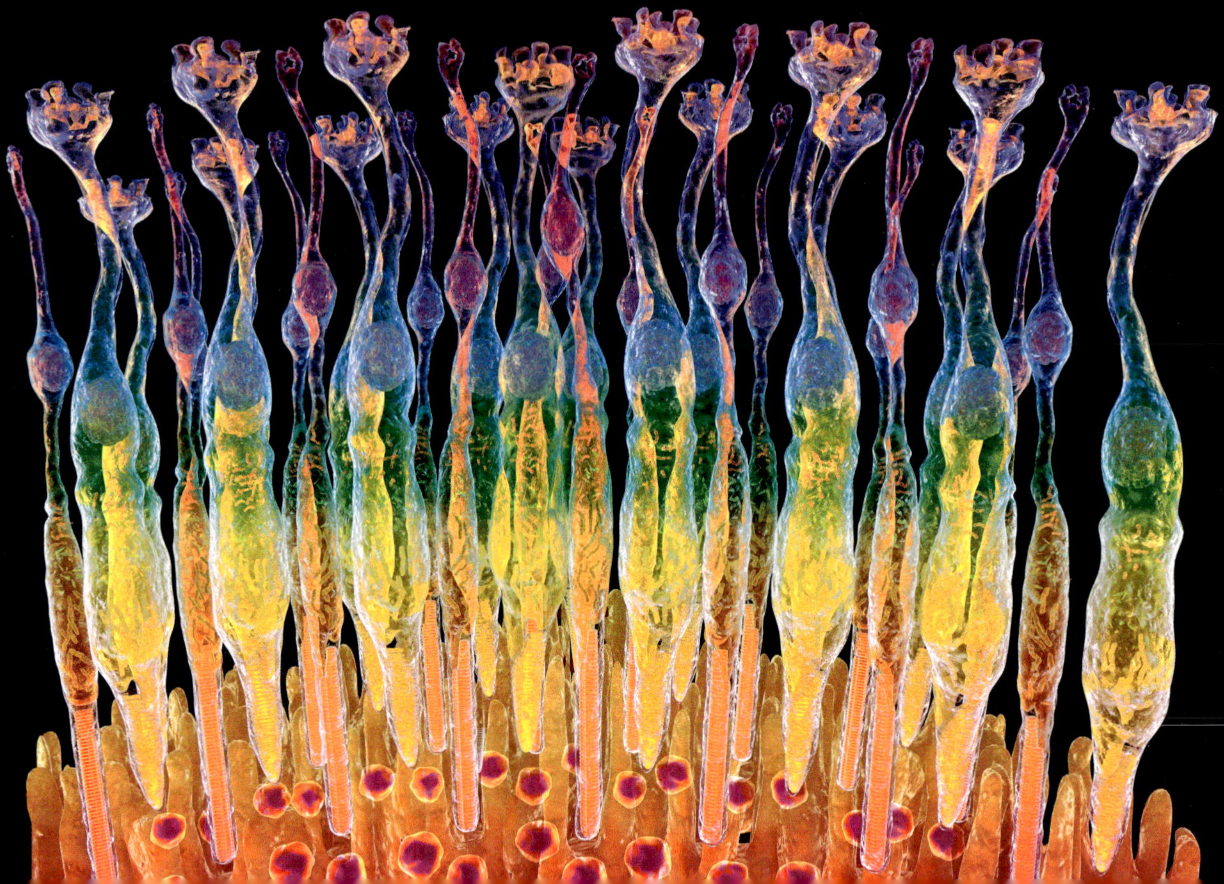

Ich sehe was, was du nicht siehst

Ralf Stork

Farben sind nicht für alle Arten gleich wichtig. Und sie sind nicht für alle gleich. Warum Säugetiere blass sind, Primaten mit ihrem Hintern kommunizieren und wir dem Trauerschnäpper Unrecht tun.

Wir Menschen sind ausgeprägte Augentiere. Farbige Signale spielen eine wichtige Rolle bei der Bewältigung unseres Alltags: Wir reagieren auf das Rot und Grün der Ampeln, auf das blaue Licht der Einsatzfahrzeuge, das Gelb der Baustellenlampen, das Rot von Stoppschildern und die gelb-schwarzen Warnungen, die uns auf atomares Material oder andere gefährliche Stoffe hinweisen.

Das mutet wie ein Wunder an, wenn man bedenkt, dass sich so etwas Hochkomplexes wie das Auge der Wirbeltiere im Laufe der Zeit aus zufälligen Mutationen entwickelt hat: Vor rund 600 Millionen Jahren gab es die ersten Einzeller, die über Fotorezeptorzellen mit dem Sehpigment Rhodopsin und damit über eine einfache Wahrnehmung von Hell und Dunkel verfügten. Vor rund 530 Millionen Jahren war daraus ein einfaches Auge entstanden. Die Fähigkeit zu sehen war vermutlich ein wesentlicher Treiber der sogenannten kambrischen Explosion: In dem geologisch winzigen Zeitraum von 5 bis 10 Millionen Jahren tauchten vor rund 540 Millionen Jahren fast alle heutigen Tierstämme erstmals gleichzeitig und in zuvor nicht gekannter Fülle an Arten und Formen auf.

„Diese rasche Entwicklung immer neuer vielzelliger Arten ist ohne die Entwicklung des Sehvermögens eigentlich nicht vorstellbar", sagt Almut Kelber. Kelber ist Professorin für Sinnesbiologie an der Universität Lund in Schweden und beschäftigt sich seit rund 30 Jahren mit der Farbwahrnehmung verschiedener Tiere. Ohne die Fähigkeit, die Umwelt auch visuell wahrzunehmen, wäre es den Tieren nicht möglich gewesen, in so kurzer Zeit so viele ökologische Nischen auszufüllen. Was aber längst nicht heißt, dass sie alle das Gleiche sehen würden. „Das Spektrum der Farbwahrnehmung bei den Tieren ist sehr groß. Es reicht von Arten, die nur schwarz-weiß sehen können, über solche mit einer ausgeprägten Rot-Grün-Schwäche bis hin zu solchen, die für uns unsichtbares UV-Licht wahrnehmen. Und darüber hinaus."

Zuerst war die Welt im Wesentlichen hell und dunkel, das Farbsehen kam etwas später. Die dafür bei den Wirbeltieren nötigen Sehzellen, sogenannte Zapfen, entstanden etwa 530 bis 500 Millionen Jahre vor unserer Zeit. Die lichtempfindlichen Zellen in der Netzhaut reagieren unterschiedlich stark auf Licht unterschiedlicher Wellenlängen. Trifft Sonnenlicht auf eine rote Blüte, wird ein Teil der Wellen absorbiert, der andere Teil reflektiert. Das reflektierte Licht trifft auf die Netzhaut und der Zapfentyp, der für die Wahrnehmung von Rot zuständig ist, reagiert darauf besonders stark. Aus dieser Reaktion leitet das Gehirn dann den Farbeindruck „rot" ab. Je mehr Zapfentypen also vorhanden sind, desto differenzierter und besser ist die Farbwahrnehmung.

Sonderentwicklung der Primaten

Menschen und die anderen Primaten sind Trichromaten. Das heißt, sie haben drei unterschiedliche Zapfentypen die allgemein als Blau-, Grün- und Rotzapfen bezeichnet werden. „Für ein Säugetier können sie Farben damit extrem gut unterscheiden", sagt die Biologin Kelber. Lange Zeit fanden sich auf der Netzhaut der menschlichen Vorfahren nämlich nur zwei verschiedene Zapfen für die Wahrnehmung von Blau und Grün. Erst dank des zusätzlichen dritten Zapfens sind wir in der Lage, mehr als zwei Millionen verschiedene Farbtöne zu unterscheiden!

„Vereinfacht gesagt, ist während der Evolution vor etwa 30 Millionen Jahren unser Rotzapfen durch eine Verdopplung des Grünzapfens entstanden. Durch anschließende Mutation hat sich die Empfindlichkeit des Zapfens zu längeren, von uns als rot wahrgenommenen Wellenlängen hin verschoben." Die Mutation setzte sich durch, weil sie Vorteile mit sich bringt: Erst durch den dritten Zapfen sind die Primaten in der Lage, rot und grün klar unterscheiden zu können. Das heißt, sie können rote, reife Früchte zwischen grünen Blättern erkennen, und junge, leicht verdauliche Blätter, die oft eine leichte Rotfärbung haben, von zäheren, älteren unterscheiden.

Im Gegensatz zu den Primaten sind die meisten anderen Säugetiere noch heute Dichromaten. Ihre Netzhaut ist nur mit zwei Zapfen ausgestattet, für Blau und für Grün. Sie sehen damit in etwa so wie Menschen mit einer ausgeprägten Rot-Grün-Schwäche. Für einen Hund zum Beispiel ist es ziemlich schwierig, einen roten Ball auf einer grünen Wiese wiederzufinden. Und für einen Stier ist Rot definitiv keine Signalfarbe, die ihn wild werden lässt. Er reagiert allein auf die Bewegung des Tuches – das er vermutlich eher als dunkles Gelb wahrnimmt. Und daran sind gewissermaßen die Dinosaurierer schuld.

"Man geht davon aus, dass die Vorfahren der Säugetiere, die sogenannten Synapsiden, ebenso wie die meisten anderen Wirbeltiere ursprünglich vier verschiedene Zapfentypen hatten, von denen zwei während der Zeit der Dinosaurier wieder verloren gingen", so Kelber. Vor rund 250 Millionen Jahren lebten die Synapsiden gemeinsam mit den Dinosauriern. Die Echsen waren die unbestrittenen Herrscher der damaligen Welt und hielten fast alle ökologischen Nischen fest in ihren Klauen. Den Säugetieren, die damals klein und unscheinbar wie Spitzmäuse waren, blieb nur das Ausweichen in die Dunkelheit. Als gleichwarme Tieren konnten sie auch ohne wärmende Sonne auf Nahrungssuche gehen. Allerdings mussten sie dafür ihr Sehvermögen anpassen: Die Farbzapfen, die nur bei guten Lichtbedingungen Farben unterscheiden können, waren in der Nacht nutzlos. Viel wichtiger für unsere winzigen Vorfahren war es, auch in der Dunkelheit so viele Konturen wie möglich ausmachen zu können.

Ein Leben im Schatten

Tagsüber sind auch für die Wahrnehmung von Hell und Dunkel die Zapfen verantwortlich. Doch sie funktionieren bei schwacher Beleuchtung nicht gut. Deshalb sind für uns nachts alle Katzen grau. Die sogenannten Stäbchen dagegen können auch bei Sternenlicht noch Helligkeitsunterschiede ausmachen. Da der Platz auf der Netzhaut begrenzt ist, wurden die Zapfen zugunsten der lichtempfindlichen Stäbchen verdrängt. Für eine neue Errungenschaft muss eine alte aufgegeben werden – so geht das oft in der Evolution. Die spätere Entstehung des dritten Zapfens bei den Primaten zum Beispiel erfolgte zulasten des Geruchssinns. Die Fähigkeit zu riechen ist bei vielen anderen Säugetieren jedenfalls deutlich stärker ausgeprägt.

Erst nach dem Aussterben der Dinosaurier vor rund 65 Millionen Jahren wagten sich die Synapsiden wieder ans Tageslicht. Die Auswirkungen des langen Schattendaseins der Säugetiere sind bis heute sichtbar: Verglichen mit anderen Wirbeltieren sind sie ziemlich eintönig. Tiere mit buntem Fell sucht man

Die meisten Säugetiere erkennen weniger Farben als der Mensch. Insekten fehlt der Rezeptor für Rot, dafür können sie ebenso wie Vögel auch UV-Licht wahrnehmen.

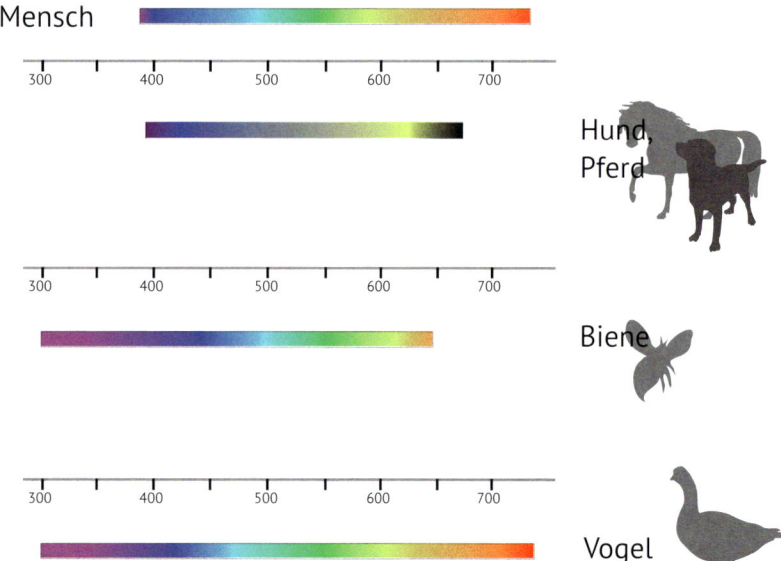

Die intensiv gefärbte Nase der Männchen spielt bei den Mandrills eine wichtige Rolle bei der Kommunikation. Anders als die meisten anderen Säugetiere können Primaten Rot und Grün unterscheiden.

vergebens: Elefanten, Löwen, Tiger, Giraffen, Hirsche, Füchse, Mäuse, Faultiere – überall gedeckte Farben. Das mag zum einen der Tarnung dienen, vor allem aber fällt Farbe als Kommunikationsmittel weg, wenn sie von Artgenossen nicht erkannt wird.

Konsequenterweise finden sich die einzigen Ausnahmen bei den Primaten: Bei den Mandrills haben die Männchen rote Nasen, die von leuchtend blauen Streifen eingefasst sind. Das Gesäß der Affen ist unbehaart und intensiv blau und rot gefärbt. Solche visuellen Signale sind bei den Affen wichtig für das Zusammenleben. So ist etwa bei dominanten Männchen die Gesichtsfarbe besonders intensiv. Das kann dabei helfen, Rangkämpfe gar nicht erst aufkommen zu lassen. Auch bei Schimpansen und Bonobos sind die Gesäßregionen rot und spielen eine Rolle beim Paarungsverhalten: Bei den fruchtbaren Weibchen schwillt das Gesäß an. Und bei den Grünen Meerkatzen haben die Affenmännchen intensiv blau gefärbte Hoden. Vor allem dominante Männchen präsentieren häufig durch Spreizen der Beine ihr farbenprächtiges Gemächt und zeigen dadurch ihren Status an. In vielen Fällen ersetzt eine solche Drohgebärde dann einen echten, gefährlichen Rangkampf.

Schwarzweiß-Sehen unter Wasser

Während die Primaten einen dritten Zapfen zurückbekommen haben, ging bei anderen Säugetieren im Laufe der Evolution ein weiterer der beiden verbliebenen Zapfen verloren. „Alle Wale und Robben sind Monochromaten. Als Anpassung an ihr Leben im Meer haben sie den Zapfen, der vor allem auf Licht im blauen Spektrum reagiert, verloren", sagt Kelber. Das liegt daran, dass in den Tiefen, in denen Robben und Wale jagen, so wenig Licht ankommt, dass Farbensehen ohnehin schwierig ist. Wie bei den frühen Säugetiervorfahren, die im Schatten der Saurier lebten, gaben die marinen Säuger einen weitgehend nutzlosen Zapfen auf, um mehr Platz für lichtempfindliche Stäbchen zu schaffen.

Eine Vielzahl anderer Wirbeltiere wiederum sind bis heute Tetrachromaten. Sie verfügen über vier verschiedene Zapfen zum Farbensehen und nehmen die Welt noch bunter wahr als wir. Ausdruck dessen ist zum Beispiel die Farbenpracht vieler Vögel: Ein buntes, schillerndes Gefieder wie das des Pfaus macht ja nur Sinn, wenn die Weibchen die Farben auch tatsächlich wahrnehmen und sich so für die prächtigsten Hähne entscheiden können. „Bei der Farbwahrnehmung der Vögel und vieler Fische und Reptilien gibt es so etwas wie eine vierte Dimension, die die Menschen nur schwer nachvollziehen können", sagt Almut Kelber. Die Tetrachromaten sind in der Lage, für uns nicht sichtbares UV-Licht wahrzunehmen. Die Blaumeise verfügt schon für unsere Augen über einen ziemlich intensiv gefärbten blauen Kopf. In Versuchen hat sich aber gezeigt, dass die blaue Haube der Meisen genauso viel UV-Licht wie blaues Licht reflektiert. Bei Männchen leuchten die Hauben – von uns unbemerkt – besonders intensiv.

Wie begrenzt die menschliche Wahrnehmung ist, zeigt sich auch bei den Trauerschnäppern. In unseren Augen sind das ziemlich unscheinbare Singvögel. Die Weibchen eher braun, die Männchen mit weißem Bauch und schwarzem Rücken und Kopf. Was wir nicht sehen: Die schwarzen Gefiederpartien der Männchen reflektieren jede Menge UV-Licht. Und je mehr das der Fall ist, desto höher ist die Chance, von einem Weibchen bevorzugt zu werden. Durch die Fähigkeit, UV-Licht wahrzunehmen (und es reflektieren zu kön-

Wale sind Monochromaten und sehen schwarz-weiß. Unter Wasser haben Farben ohnehin keine große Bedeutung.

nen), verfügen die Vögel über ein geheimes visuelles Kommunikationsmittel. Für potenzielle Fressfeinde unter den Säugetieren bleibt das UV-Licht unsichtbar. Für Vogeldamen hält es wichtige Informationen über die Fitness oder die Erfahrung eines Männchens bereit.

Die vierte Dimension

Auch außerhalb der Gruppe der Wirbeltiere ist das Farbensehen weit verbreitet. Bienen und andere Hautflügler sind Trichromaten wie wir, nehmen die Welt aber trotzdem deutlich anders wahr: Der Rotrezeptor fehlt, dafür haben sie neben Grün- und Blaurezeptoren einen weiteren, der auf UV-Licht reagiert. Deshalb können Bienen rote Blüten nicht besonders gut sehen. Insekten, die es zu einer Mohnblüte zieht, werden nicht so sehr von der roten Farbe angezogen, sondern von den schwarzen Saftmalen im inneren Bereich der Blütenblätter. Die reflektieren sehr viel UV-Licht, das die Insekten magisch anzieht.

Viele Schmetterlingsarten sind wie Vögel und Reptilien Tetrachromaten. „Das kann ihnen helfen, Blüten zu finden, feine Unterschiede zwischen ihren farbenprächtigen Artgenossen zu erkennen und die Pflanzen für die Eiablage auszuwählen, die ihren Raupen die besten Voraussetzungen bieten", weiß Kelber. Wozu einzelne Arten allerdings sechs oder gar sieben verschiedene Farbrezeptoren brauchen, ist immer noch ein Rätsel.

Bei den Fangschreckenkrebsen hat man da inzwischen zumindest eine Ahnung. Einzelne Arten bringen es auf bis zu zwölf verschiedene Rezeptoren für die Farbwahrnehmung, doch besonders akkurat können sie die Farben damit nicht auseinanderhalten: In Versuchen hat sich gezeigt, dass Hellorange und Dunkelgelb für sie der gleiche Farbton ist. Das können selbst wir Menschen mit unserer begrenzten Farbsicht besser. Dafür können die Krebse trotz ihres recht kleinen Gehirns die Farben ihrer Umgebung sehr schnell erfassen. Das bringt eine gewisse Unschärfe mit sich, spart aber Zeit und Energie und ermöglicht es den Tieren, ihre Beute zielgerichtet zu erlegen.

Mehr als nur blau: Die Haube der Blaumeise leuchtet für andere Vögel auf eine Art, die wir Menschen uns nicht vorstellen können.

Rot ist für Insekten keine Signalfarbe. Sie reagieren vielmehr auf die schwarzen Saftmale der Mohnblüte, die viel UV-Licht reflektieren.

Monika
Offenberger

Ei, wie farbig!

Rosa-grün-gepunktet, einfarbig blau oder mit Streifen versehen – in vielen Vogelnestern herrscht kunstvolle Vielfalt. Als einzige Wirbeltiere sind Vögel in der Lage, ihre Eier zu färben. Doch warum tun sie das? Eine Eiersuche der besonderen Art.

Keine künstlerische Übung, sondern die Vielfalt der Natur: zeichnerische Darstellung der Eier europäischer Vögel.

„Hatte ich jemals ein Vogelei gesehen, das hässlich war? Man vergleiche einmal diese lieblich gefleckten, gesprenkelten oder himmelblauen Schalen, ein wenig milchig wie von einer fernen Zirruswolke verschleiert, mit den von Schlangen, Schildkröten und Krokodilen gelegten Eiern. Im Vergleich mit ihnen war auch noch das unansehnlichste Ei, das ein Vogel legte, wunderschön", schwärmt der Schriftsteller Laurens van der Post in einem seiner Romane. Zwar legen auch die genannten Reptilien Eier mit harter Kalkschale. Doch ihre Eier sind stets weiß. Dagegen gibt es Vogeleier auch in Grün, Blau, Türkis, Grau, Rot, Braun und in unzähligen Zwischentönen. Manche sind uni gehalten, andere mit kontrastierenden Punkten, Flecken, Tupfen, Schnörkeln, Kritzeln oder Strichen verziert.

Die Vielfalt an Tönen und Mustern geht auf nur zwei Farbstoffe zurück, die beide mit dem Blutfarbstoff Hämoglobin verwandt sind. Erstens das bläulichgrüne Pigment Biliverdin, das sich beim Menschen in abheilenden Blutergüssen, den blauen Flecken zeigt. Von den Vögeln wird Biliverdin im Eileiter gebildet und beim Bau der Eischale gleichmäßig in die inneren Kalkschichten eingelagert. Stare oder Kormorane belassen es bei dieser Grundierung und schaffen so das wunderschöne Himmelblau, das Laurens van der Post beschreibt. Andere Vögel färben zusätzlich die äußeren Schalenschichten des fertigen Eies, während dieses durch ihren Körper nach außen geleitet wird. Dazu nutzen sie ein zweites, rötlich-braunes Pigment namens Protoporphyrin. Es wird aus speziellen Drüsen in der Eileiterwand abgesondert und dabei in allerlei Mustern auf das vorbeiziehende Ei geschmiert: Ruht das Ei, entstehen auf der Schale Punkte. Andernfalls ergeben sich mehr oder weniger lang gezogene Flecken und Striche, die längs verlaufen können oder auch quer – je nachdem, ob und wie das Ei während der Vorwärtsbewegung gedreht wird.

Ein Erbe der Dinosaurier

Von allen Wirbeltieren beherrschen nur Vögel die Kunst, ihre Eier so zu bemalen. Allerdings haben sie diese von ihren Ahnen geerbt, wie jüngste Forschungen nahelegen: Denn Spuren von Protoporphyrin und Bilirubin finden sich schon in den versteinerten Eierschalen jener Dinosaurier, aus denen die Vögel hervorgingen. Auch die Art und Weise, wie die Pigmente in den fossilen Dino-Eiern eingelagert waren, stimmt mit der von heutigen Vogeleiern überein. Demnach legten schon die urzeitlichen Echsen bräunliche, grünliche und gesprenkelte, aber auch weiße Eier. Und noch heute begnügen sich etwa ein Drittel der rund 12 000 bekannten Vogelarten mit schlichten weißen Eiern, darunter Strauße, Eulen, Wasseramseln und Kolibris. Warum verzichten sie auf Farbe?

Bei der Suche nach einer Erklärung fällt eine Gemeinsamkeit dieser sonst so unterschiedlichen Vogelarten auf: Sie müssen ihr Gelege nicht vor räu-

berischen Blicken schützen. Denn entweder haben sie – wie der Strauß – keine natürlichen Feinde. Oder sie brüten in Höhlen oder geschlossenen Nestern, in denen die Eier vor fremden Augen verborgen sind. Liegen die Eier dagegen gut sichtbar in freier Natur oder im offenen Nest, dann sind sie meistens gefärbt. Je nachdem, auf welchem Unter- oder Hintergrund sie abgelegt werden, können ihre Schalen heller oder dunkler gehalten, einfarbig oder mit verschiedenerlei Klecksen, Punkten, Schlieren, Tupfen oder Linien verziert sein.

Oftmals scheint das Gelege optisch regelrecht mit der Umwelt zu verschmelzen. Die Vermutung liegt daher nahe, dass die Färbung der Tarnung dient. So sind etwa die Eier des Regenbrachvogels – grünlich

In diesem Gelege scheint der Fremdkörper offensichtlich. Heckenbraunellen aber erkennen das Kuckucksei nicht.

Die Eier des Steißhuhns sind leuchtend grün und glänzen wie lackiert (l.). Das Gelege des Austernfischers dagegen ist auf den Kieselsteinen gut getarnt (r.).

mit dunkelbraunen Klecksen – in der von dieser Art bevorzugten Moorlandschaft die beste Camouflage. Ganz anders gestaltet und gerade dadurch leicht zu übersehen sind die Eier des Austernfischers: Hell grundiert und mit wenigen, unregelmäßig großen dunkleren Flecken betupft, heben sie sich kaum vom Boden der Sanddünen und Kiesbänke ab, auf denen sie liegen. Auch die grau-braun gesprenkelten Eier des Flussregenpfeifers sind zwischen den umgebenden Kieselsteinen gut getarnt – manchmal sogar so gut, dass sie bis zuletzt übersehen und versehentlich zertreten werden.

Um Tarnung geht es auch verschiedenen Kuckucksvögeln, die ihre Eier artfremden Vögeln unterschieben. Manche der ungewollten Adoptiveltern – zum Beispiel Heckenbraunellen, Neuntöter oder Rotkehlchen – bemerken die Täuschung nicht, auch wenn die fremden Eier ihren eigenen überhaupt nicht ähnlichsehen. Andere Arten – darunter Drosselrohrsänger, Gartenrotschwanz oder Bachstelze – erkennen abweichend gefärbte Eier sofort und werfen sie aus dem Nest. Das führt zwangsläufig dazu, dass nur solche Kuckuckskinder überleben und sich fortpflanzen können, deren Eier im Gelege der Wirtseltern nicht auffallen. Dieser starke Selektionsdruck hat dazu geführt, dass sich innerhalb ein und derselben Kuckucksart mit der Zeit verschiedene Stämme entwickeln konnten, die auf zahlreiche Wirtsarten spezialisiert sind und deren oft sehr unterschiedliche Eier jeweils verblüffend genau imitieren.

So parasitiert etwa der in Amerika verbreitete Goldkuckuck mehrere Arten von Webervögeln, darunter Masken-, Dorf- und Goldweber. Die Eier dieser in großen Kolonien brütenden Vögel gibt es in vielen verschiedenen Farbvarianten: Manche Weibchen legen einfarbig weiße, rosa, beige, grüne oder blaue Eier, andere mehr oder weniger stark gefleckte oder getüpfelte. Allerdings ist jedes Weibchen – bei den Webervögeln ebenso wie beim Goldkuckuck – auf eine bestimmte Färbung festgelegt und legt stets dieselbe Sorte Eier. Ob die Schmarotzer ihre Eier zufällig auf die Wirtsnester verteilen oder aber die Eierfarben erkennen und nur passende dazulegen, ist bislang nicht geklärt. In jedem Fall machen es ihnen die Webervögel schwer: Ihre kugelförmigen Nester mit dem schmalen seitlichen Eingang lassen von außen nicht erkennen, welche Sorte Eier sie enthalten. Pech für den Goldkuckuck – denn sehr oft passen seine Eier nicht zum Wirtsgelege, werden entdeckt und folglich nicht ausgebrütet.

Schutz, Erkennung und Stabilität

Neben optischen Zwecken scheint die Färbung der Vogeleier aber noch ganz andere Funktionen zu erfüllen. Farbige Punkte und Flecken finden sich nämlich auch auf den Eiern von Vögeln, die ihr Gelege mit Zweigen oder Gras vor feindlichen Blicken schützen und also keine weitere Tarnung benötigen. Offenbar erhöhen die Farbpigmente aber die Stabilität der

Perfekt an die Umgebung angepasst: die Eier des Regenbrachvogels (l.) und des Flussregenpfeifers (r.)

Schale – das schlossen Biologen der Universität Oxford aus ihren Befunden bei Kohlmeisen. Demnach legen Vögel aus kalziumarmen Regionen Eier mit deutlich dünneren Schalen und sehr viel mehr Flecken als ausreichend mit Kalzium versorgte Artgenossen. Somit gleichen die Weibchen einen Kalziummangel durch die vermehrte Einlagerung von Protoporphyrin aus; die chemisch sehr stabilen Pigmente machen die Schale elastischer, sodass sie Stöße an den dünneren Bereichen besser abfedern kann. Zugleich reflektieren sie Infrarotstrahlung besser als die übrigen Schalenbestandteile und verhindern so, dass auftreffende Sonnenstrahlen die Eier überhitzen und den heranwachsenden Embryo schädigen.

Die mit Abstand am prächtigsten gefärbten Eier stammen von den Steißhühnern Süd- und Mittelamerikas. Nur wenige der 48 bekannten Arten bauen ein richtiges Nest, die meisten legen ihre Eier im Schutz von Sträuchern oder Grasbüscheln einfach auf dem Boden ab. Und was für Eier! Sie leuchten unifarben in Grün, Blau, Türkis, Purpur, Violett, Grau, Braun oder Gelb. Verstärkt wird ihre Strahlkraft durch eine glänzende Schicht, die an Porzellan erinnert.

Diese lackartigen Farben geben Biologen Rätsel auf, denn sie dienen gewiss nicht der Tarnung – im Gegenteil: Sie ziehen die Blicke auf sich wie grell gefärbte Ostereier. Allerdings nicht jene von Feinden, wie die Evolutionsbiologin Patricia Brennan beobachtete: Räuber plündern die Nester meist erst dann, wenn sie bebrütet werden und die Elternvögel sich durch ihre Bewegungen verraten. Offenbar richten sich die optischen Signale vor allem an Weibchen der eigenen Art. Denn diese verteilen ihre Eier auf mehrere Gelege und überlassen das Brüten den Männchen. Dazu müssen sie halb fertige Gelege ihrer Artgenossinnen finden, um sie mit eigenen Eiern aufzufüllen.

Gegen die knallbunten Eier der Steißhühner sind die des Haushuhns geradezu fad. Zwar stechen einige Rassen wie die Araukaner oder Marans durch grüne respektive dunkelbraune Eier heraus. Das Gros der rund 200 Haushuhn-Rassen hält sich freilich an schlichtes Weiß oder Braun. Die Schalenfarbe ist genetisch festgelegt und hat – entgegen einer verbreiteten Meinung – nichts mit der Gefiederfarbe zu tun: Auch viele rot, braun oder schwarz gefiederte Hühnerrassen legen weiße Eier; umgekehrt gibt es unter den weißen Hühnerrassen etliche mit braunen Eiern. In Deutschland werden aktuell mehr braune Eier gekauft. Das war nicht immer so: Bis in die 1980er-Jahre waren überwiegend weiße Eier im Handel. Erst danach kamen die braunen in Mode, etwa zeitgleich mit dem Aufkommen der Öko-Bewegung. Obwohl die Schalenfarbe nichts über die Qualität der Eier aussagt, verbinden viele Verbraucher seither braun mit Bio und lassen die weißschaligen liegen. Nur in der Osterzeit kehrt sich der Trend um. Dann sind wieder weiße Eier gefragt: Sie lassen sich besser färben.

Monika
Offenberger

Die Farben der Dinos

Fossilien verraten uns viel über Körpergröße, Ernährung und Verhalten der ausgestorbenen Echsen. Doch eine Aussage über die Zeichnung der Tiere zu treffen, ist nur in Ansätzen möglich.

Das Prachtstück im Museum für Naturkunde Berlin wird von seinen Fans einfach Oskar genannt. Gemeint ist das gigantische Skelett eines *Giraffatitan brancai*: Ein massiger Körper mit einem schlanken Hals auf dem ein kleiner Kopf sitzt, mehr als 13 Meter hoch über dem Boden. 150 Millionen Jahre alt sind diese versteinerten Knochen – und noch immer so gut erhalten, dass sich der Körperbau rekonstruieren ließ. Und auch, dass Oskar sich von Pflanzen ernährte, können Forscher anhand seiner Kiefer und Zähne recht sicher sagen.

Nur eines verraten uns Fossilien nicht: die Körperzeichnung. Und so erscheint *Giraffatitan brancai* mal unauffällig grau-braun oder – wie auf einer russi-

schen Briefmarke – giftig grün, mal blau mit weißen Kringeln oder mit apartem Fleckenmuster wie heutige Giraffen.

„Das meiste davon ist reine Phantasie", sagt Saurier-Experte Gerald Mayr vom Frankfurter Senckenberg-Institut: „Besonders bunt werden oft Saurier aus der Gruppe der Theropoden dargestellt. Denn das sind die nächsten Verwandten der Vögel – und da hat man sich natürlich inspirieren lassen". Um belastbare Aussagen über die Körperfarbe treffen zu können, bräuchte man Reste von Haut, Schuppen, Borsten oder Federn. Doch solche Weichteile bleiben über die Jahrmillionen meist nicht erhalten. Ein seltener Glücksfall ist ein Fundstück aus China. Zwar wirkt

Illustration eines
Sinosauropteryx
aus der Gattung
der Theropoden.
Wie er wirklich
gefärbt war, kann
keiner mit Sicher-
heit sagen.

das Skelett der Gattung *Psittacosaurus* mit knapp zwei Metern Länge wenig spektakulär; dennoch ist es von unschätzbarem Wert. Denn neben seinen Knochen sind auch ausgedehnte Reste von Haut erhalten, die den Körperumriss wie ein schwarzer Schatten nachzeichnen.

Melanin als bester Zeuge

„Wahrscheinlich ist das Tier nach seinem Tod auf den Grund eines Sees gesunken und wurde dort relativ schnell mit Sedimenten zugedeckt, die sich heute als geschichtete Kalke zeigen", erklärt Gerald Mayr. „In diesen Ablagerungen wurden seine Reste geborgen." Der Fund ist nicht nur wegen der Hautpartikel so besonders, sondern auch wegen seiner borstenförmigen Hautanhängsel, die Präparatoren gekonnt freigelegt haben.

Jacob Vinther, Paläontologe an der Universität Bristol, hat die Hautschatten des Frankfurter *Psittacosaurus* mit einem hochauflösenden Raster-Elektronenmikroskop untersucht. Dabei fand er regelmäßig geformte Strukturen innerhalb der Hautzellen, die auch bei heute lebenden Tieren und Menschen vorkommen. Sie sind nur wenige tausendstel Millimeter groß und heißen Melanosomen, weil sie Melanine enthalten: Pigmente, die von dunklen Schwarz- und Grautönen bis zu Rotbraun reichen. Im Gegensatz zu vielen anderen Pigmenten ist Melanin extrem robust und noch nach Jahrmillionen unversehrt. „Auf diesen Melanosomen beruhen viele Hypothesen über die Färbung der Dinosaurier. Denn aus ihrer Verteilung kann man schon gewisse Aussagen zur Körperfärbung und -zeichnung ableiten", erläutert Mayr, der mit Vinthers Team zusammengearbeitet hat. „Bei unserem Psittacosaurier kann man sehr gut sehen, dass die Bauchseite heller war als die Rückenseite."

Seit vor rund zehn Jahren die Bedeutung der Melanosomen erkannt wurde, fahnden Paläontologen aus aller Welt nach diesen Strukturen. Forscher von der Chinesischen Akademie der Wissenschaften in Peking nahmen sich den räuberischen Saurier *Sinosauropteryx* vor, dem sie in Studien kastanienbraune bis rötlich-braune Streifen an Schwanz und Rücken zuwiesen. Auch im Federkleid eines ursprünglichen Vogels namens *Confuciusornis* bestimmten die Wissenschaftler die Pigmente. Ihr Fazit: Das Tier müsse weiße, schwarze und orangebraune Flecken gehabt haben.

Doch auch diese Methode hat ihre Grenzen: Die Funde sind rar, andere Pigmente oder Strukturen, die ebenfalls Farben beeinflussen, sind überhaupt nicht erhalten. „Wenn wir von fossilen Federn sprechen, meinen wir eigentlich nur die Abdrücke in Sedimenten mit feinkörnigem Kalk, in denen sich noch winzige organische Reste finden", betont Daniela Schwarz. Die Biologin forscht am Museum für Naturkunde Berlin, das den Abdruck einer vollständigen Feder des Urvogels *Archaeopteryx* beheimatet. „Bei der chemischen Analyse haben wir uns die Verteilung von Kupfer und weiterer Mineralien in den Melanosomen angesehen. Daraus konnten wir schließen, dass die Federspitze dunkler gefärbt war als der Ansatz", so Daniela Schwarz: „Allerdings haben wir ja nur eine einzige Feder. Wie der ganze Vogel gefärbt war, können wir nicht sagen". Das bleibt auch weiterhin der Fantasie überlassen.

Ein ganz besonderer Fund: Neben Knochen waren bei diesem Fossil eines Psittacosaurus auch Reste von Haut erhalten geblieben.

Schön, aber unpraktisch: Die Schwanzfedern des Pfaus bilden eine meterlange Schleppe.

Ganz schön fit

Ralf Stork

Bunte Farben und auffällige Ornamente sind zum Überleben nicht gerade praktisch. Gerade deshalb spielen sie bei der Paarung eine wichtige Rolle: Um sich solchen Schnickschnack leisten zu können, müssen die Männchen gesund und stark sein.

So ein Tier wie den männlichen Pfau (*Pavo cristatus*) dürfte es eigentlich gar nicht geben: Der Kopf und der lange Hals sind von einem intensiven, irisierenden Blau, das bis zum Bauch reicht. Sieht toll aus. Aber sich damit im Unterholz zu verstecken, ist eher schwierig. Und dann der Schwanz, bei dem die Oberschwanzdecken eine meterlange Schleppe bilden. Die braucht der Pfau, um sein berühmtes Rad zu schlagen: ein großer, grüner Federfächer mit vielen Dutzend blau schillernden Augen. Wenn der Hahn die Federn erzittern lässt, erzeugt das ein lautes Rascheln. Das sieht beeindruckend aus und klingt auch so. Besonders vorteilhaft ist so eine Schleppe ansonsten aber nicht. Schon gar nicht, wenn man sich schnell vor einem Tiger oder Leoparden in Sicherheit bringen muss. Wenn es darum geht, bei einem Schönheitswettbewerb zu gewinnen, landet der Pfauenhahn weit vorn. Aber beim Überleben in der Wildnis?!

Es gibt viele Beispiele in der Natur, wo Tierarten Farben zeigen oder andere Ornamente tragen, die auf den ersten Blick keinen konkreten Zweck haben und das Überleben eher erschweren: Paradiesvögel, die zum Teil so unfassbar bunt und mit langen Federn geschmückt sind, dass die Menschen dachten, sie müssten direkt aus dem Garten Eden auf die Erde gelangt sein. Mandarinenten, Fasane, Stichlinge und Guppys. Überall überbieten sich die Männchen gegenseitig mit prächtigen Farben und Formen.

Schon Charles Darwin trieb die Frage um, warum sich manche Tiere solche Extravaganzen leisten. Und mit seinem Erklärungsversuch stieß er seine Zeitgenossen zum wiederholten Mal vor den Kopf. Erst hatte er mit seiner Evolutionstheorie die biblische Schöpfungsgeschichte ad absurdum geführt. Und dann spekulierte der große Forscher auch noch darüber, dass bei der Partnerwahl nicht die prächtigen, aufgepumpten und aufgeplusterten Männchen entscheiden, sondern die Weibchen: „Extravagante Merkmale im männlichen Geschlecht sind durch die weibliche Zuchtwahl entstanden", schreibt er in „Die Abstammung des Menschen und die geschlechtliche Zuchtwahl". Die Männchen glänzen und schillern also vor allem deshalb so schön, weil sie sonst keine Chance haben, von den Weibchen erwählt zu werden. Die sind es nämlich, die bei der Partnerwahl den Ton angeben.

Damenwahl im Tierreich

Die sexuelle Selektion, die erst mal nur ein schlauer Gedanke von Darwin war, ist mittlerweile durch viele Studien belegt und durch ergänzende Theorien plausibel gemacht: Löwinnen bevorzugen Löwen mit voller, dunkler Mähne. Weibliche Buntbarsche stehen auf große Männchen, Pfauenhennen mögen Hähne, die ein besonders prachtvolles Rad schlagen können und Hühner finden den Hahn am attraktivsten, der den größten und rötesten Kamm hat.

„Es macht Sinn, dass die Partnerwahl bei dem Geschlecht liegt, das mehr für die Aufzucht der Jungen investieren muss. Meistens sind das die Weibchen", sagt Friederike Woog. Woog leitet als Biologin am Staatlichen Museum für Naturkunde in Stuttgart die Ornithologie. Eines ihrer Forschungsinteressen ist die Bedeutung von Farben bei Balz und Paarung bei Vögeln.

Ein Männchen produziert viel mehr Spermien als ein Weibchen Eier. Deshalb kann es sich mit vielen Weibchen paaren und so viel mehr Nachwuchs zeugen als ein Weibchen, welches dann häufig allein für die Jungenaufzucht verantwortlich ist. Umso

Löwinnen bevorzugen Männchen mit möglichst voller, dunkler Mähne.

wichtiger ist es, dass es ein paar handfeste Kriterien gibt, mit denen sich feststellen lässt, ob ein Männchen ein genetisch lohnender Partner ist oder nicht. Thorshühnchen und Odinshühnchen sind die Ausnahme, die die Regel bestätigen: Bei beiden Arten der Schnepfenvögel sind es die Weibchen, die mit ihrem prächtigen Gefieder um die Aufmerksamkeit der Männchen buhlen, weil diese später allein für die Aufzucht der Jungen verantwortlich sind.

„Es gibt viele Beispiele, bei denen eine besonders intensive Färbung tatsächlich ein echter Indikator für die Fitness des Männchens ist", sagt Woog: In Versuchen hat sich gezeigt, dass Zebrafinken-Weibchen die Männchen mit besonders roten Schnäbeln attraktiver finden als solche mit blasseren Schnäbeln. Und das hat nichts mit Oberflächlichkeit zu tun: Für die Rotfärbung sind Carotinoide verantwortlich, die die Vögel mit der Nahrung aufnehmen. Aber die Pigmente spielen auch eine wichtige Rolle bei der Immun-Abwehr. Ein Vogel, der so viel davon hat, dass er sie in seinen Schnabel auslagern kann, ist also besonders gesund. In umgekehrter Richtung funktioniert das Prinzip auch: Bei Amseln konnten Wissenschaftler nachweisen, dass die

Schnabelfarbe der Männchen blasser war, solange die Vögel gegen einen Infekt ankämpften. Die „bunteren" Männchen, die bei der Partnerwahl bevorzugt werden, sind also tatsächlich auch gesünder.

Etwas Ähnliches kann man bei den Blaufußtölpeln beobachten. Die Seevögel, die vor allem auf den Galapagos-Inseln brüten, haben tatsächlich blaue Füße. Und die spielen bei der Partnerwahl eine wichtige Rolle: Zum Balzritual gehört, dass das Männchen vor dem Weibchen auf und ab geht und dabei seine Füße präsentiert. Beide Geschlechter haben blaue Füße, aber die Weibchen bevorzugen eindeutig solche Männchen, bei denen die Füße besonders intensiv gefärbt sind.

Der Grund für diesen Fetisch ist auch hier ein direkter Zusammenhang zwischen intensiver Färbung und möglichem Bruterfolg: Das Blau verblasst, wenn die Tölpel nicht gut im Futter stehen. Ein Männchen, das für sich selbst nicht genügend Nahrung beschaffen kann, wird wahrscheinlich auch den Nachwuchs nicht gut versorgen können. Auch nach der Paarung achten weibliche Tölpel weiter auf die Füße ihrer Partner. Werden die blasser, verschlechtert sich also

die Versorgungslage, investiert das Weibchen weniger in den Nachwuchs. Wenn es in dieser Zeit ein Ei legt, ist es deutlich kleiner als das Erste.

Extravaganz zeigt Fitness

Die Beispiele erklären aber noch nicht den schillernden Pfau. Die bunten Ornamente bei Amseln und Tölpeln sind schließlich kein gravierender Überlebensnachteil und deshalb nicht mit der verschwenderischen Schönheit des Pfaus zu vergleichen. Aber auch für ihn findet sich eine einleuchtende Erklärung: „Die Pfauenmännchen sind geradezu unpraktisch schön. Dadurch, dass sie trotz dieser offensichtlichen Nachteile imstande sind, zu überleben, stellen sie ihre Fitness unter Beweis", sagt Woog. Dieses sogenannte Handicap-Prinzip wurde vom israelischen Biologen Amotz Zahavi in den 1970er-Jahren beschrieben, nach anfänglicher Ablehnung ist es mittlerweile anerkannt. Auch die Löwenmähne ist ein Beispiel dafür:

Ein besonders roter Schnabel zeugt bei den Zebrafinken von guter Gesundheit.

Männchen mit einer vollen, dunklen Mähne haben zwar einen hohen Testosteronspiegel und sind bei den Weibchen besonders begehrt. Das dichte Fell ist aber auch mit einem großen Nachteil verbunden; der Hitzestress für das Tier ist viel größer als bei

Bei den Blaufußtölpeln schauen die Weibchen zuerst auf die Füße: Je intensiver das Blau, desto besser ernährt ist der Bewerber.

einer hellen Mähne. Damit muss man erstmal klarkommen.

Dass das Prinzip beim Pfau in solche Extreme ausgeufert ist, lässt sich wiederum mit der sogenannten Runaway-Hypothese erklären. Am Anfang hat eine Mehrzahl der Weibchen auffällige Männchen bevorzugt, zum Beispiel solche mit etwas längerer Schleppe oder etwas bunterem Gefieder: Die Männchen mit solchen Merkmalen pflanzten sich also erfolgreicher fort als die unscheinbaren Männchen. Und bei beiden Geschlechtern wird sowohl das Merkmal „lange, bunte Schleppe" als auch die Präferenz dafür immer weiter erfolgreich vererbt, sodass sich Merkmal und Präferenz gegenseitig immer weiter verstärken.

Es gibt aber auch eine Reihe von Arten, bei denen die Männchen die Handicap-Theorie belegen, obwohl sie selbst eher unscheinbar sind. Sie setzen statt auf Körperschmuck auf außergewöhnliche Verhaltensweisen, die dem eigenen Überleben nicht unbedingt zuträglich sind. Der Kugelfisch *Torquigerne albomaculosus*, der in Japan vorkommt und nur zwölf Zentimeter groß wird, wedelt mit seinen Brustflossen riesige Ornamente auf den sandigen Meeresboden. Die runden Kunstwerke haben einen Durchmesser von bis zu zwei Metern und sind mit symmetrischen Riffen und Furchen versehen. Die Männchen brauchen bis zu zehn Tage, bevor die Sandskulptur fertig ist. Aber es lohnt sich: Für Weibchen sind die Muster so anziehend, dass sie ihre Eier genau in die Mitte legen, wo sie dann von den Männchen befruchtet werden.

Mit solchen riesigen Mustern im Sand locken Kugelfische Weibchen an.

In Sachen Buntheit haben auch bei derartigen ausgelagerten Handicaps die Vögel den Schnabel vorn: In Neuguinea, auf Australien und ein paar Inseln in der Nähe leben 20 verschiedene Arten Laubenvögel. Die nahen Verwandten der Paradiesvögel sind selbst oft eher unscheinbar. Die Männchen der Seidenlaubenvögel im Osten Australiens haben zum Beispiel ein überwiegend schwarzes Gefieder, das bei Lichteinfall metallisch glänzt. Um Weibchen anzulocken, bauen sie prächtige Lauben: Erst wird ein Stück ebener Boden auf einer Lichtung gesäubert. Aus Hunderten von Zweigen wird dann eine Art Laube errichtet mit zwei leicht zueinander geneigten symmetrischen Wänden. Diese wird bevorzugt mit einer Vielzahl blauer Gegenstände geschmückt. Das können Beeren oder Blüten sein. Oder Zivilisationsmüll wie Glasscherben, Flaschendeckel oder Kugelschreiberkappen.

Repräsentatives Eigenheim

Die Fähigkeit zum Laubenbauen ist nicht angeboren, sie muss von den Männchen erst mühsam erlernt werden. Wenn ein Weibchen sich für ein Männchen mit einer formvollendeten Laube entscheidet, kann es sich also schon mal sicher sein, dass es sich dabei um ein erfahrenes Exemplar handelt. Und um ein durchsetzungsstarkes. Denn die Lauben liegen zum Teil nur 100 Meter auseinander. Manchmal schleichen sich die Männchen an die Lauben ihrer Konkurrenten an, stibitzen in einem unbemerkten Moment die schönsten Schmuckstücke oder zerstören in wenigen Minuten die mühsam errichteten Bauwerke.

Insgesamt nutzen 17 Arten der Laubenvögel solche Bauten bei der Partnerwahl. Jede Art baut und schmückt dabei auf ihre eigene, unverwechselbare Weise; so gibt es die Laubentypen Tenn, Maibaum und Allee. Die Vögel arbeiten zum Teil viele Monate lang daran. Die Inventur der Laube eines Tropfenlaubenvogels brachte zutage, dass ein Männchen 1427 Knochenobjekte, 174 Schneckenhäuser sowie zahlreiche Kiesel und Glas- sowie Metallfragmente gesammelt hatte. Insgesamt wog das Dekorationsmaterial mehr als sieben Kilogramm. Soviel Zeit und Energie für eine

Ein Seidenlaubenvogel arbeitet an seiner Laube, die er mit blauen Gegenständen schmückt; gleich zwei Weibchen beobachten ihn dabei.

Tätigkeit erübrigen, die nichts mit dem eigenen individuellen Überleben zu tun hat, kann nur ein gesunder und erfahrener Vogel. Für die besten Architekten macht sich die Mühe jedenfalls mehr als bezahlt: Bei manchen Arten kommt es vor, dass sich ein erfolgreiches Männchen mit 20 oder 30 Weibchen paart.

Warum sich all die Männchen der Laubenvögel, Pfaue, Fasane und Zebrafinken so ins Zeug legen, ist also klar: Die Weibchen „wollen" das so. Aber wie kommen die Weibchen zu ihren Präferenzen? Diese Frage ist nicht klar zu beantworten, aber es gibt ein paar interessante Theorien dazu.

Bei Guppys (*Poecilia reticulata*) haben die Männchen der wildlebenden Form in Trinidad eine besonders große Chance, von den Weibchen erwählt zu werden, wenn ihr orangener Bauchfleck ausgeprägt ist. Guppys knabbern gerne auch an orangefarbenen Früchten, die ins Wasser fallen. Einer Studie zufolge könnte die Präferenz der Weibchen für Orange mit der Nahrung zusammenhängen. Männchen, die zufällig so gefärbt waren, waren dann besonders anziehend für die Weibchen, weil sie sie an Nahrung erinnerten. Durch das verstärkte Interesse können sich die Männ-

chen besser fortpflanzen und das Merkmal Orange und die Präferenz dafür breiten sich in der gesamten Population aus.

Beim Langflossensalmler (*Bryconalestes longipinnis*), einem Süßwasserfisch, der in Gewässern des tropischen Regenwalds in Afrika vorkommt, haben beide Geschlechter einen schwarzen länglichen Fleck am Schwanzflossenstiel. Einer Studie zufolge verändert sich die Form dieses Flecks bei den Männchen von Population zu Population. An Orten, an denen häufig Ameisen ins Wasser fallen, ähnelt der Fleck der Form einer Ameise. Da Ameisen eine willkommene Nahrung der Salmler sind, könnte das Schmuckelement der Männchen auch hier durch die Nahrungspräferenz der Weibchen entstanden sein.

Das bunte Gefieder des Pfaus ist so allerdings nicht zu erklären. Dafür hat sich bei einigen beringten Vögeln zufällig gezeigt, dass die Weibchen Männchen mit bestimmten Farbringen attraktiver finden – ohne ersichtlichen Grund. Vielleicht ist es also einfach so, dass am Anfang der Selektion eine Mehrheit der Weibchen einfach die Männchen bevorzugt, die ein kleines bisschen anders sind als die anderen.

Ralf Stork

Porträt: Krabbenspinne

Gut getarnt in knallig gelb – oder doch lieber schlichtem Weiß? Die Weibchen dieser Spinnenart können ihre Körperfarbe aktiv den Blüten anpassen, auf denen sie jagen.

Die Kombinationen von grünen, beigen, braunen und schwarzen Farbtupfern gilt als das Tarnoutfit schlechthin. Auf jeden Fall gedeckt, keine knalligen Farben. Dass aber auch ein kräftiges Sonnengelb als Tarnung funktionieren kann, stellt die Veränderliche Krabbenspinne (*Misumena vatia*) unter Beweis. Alles eine Frage des Hintergrundes, mit dem es zu verschmelzen gilt: Die Krabbenspinne hält sich gern auf gelben Blüten auf und lauert dort auf Beute. Kommt eine Biene, Hummel, Wespe oder Schwebfliege vorbei, greift die Spinne blitzschnell mit ihren beiden besonders langen vorderen Beinpaaren zu und tötet sie durch einen Biss ins Genick. Die Beute wird nicht gleich verspeist, sondern mit Spinnenfäden zu Vorratspäckchen verschnürt und unter die Blüte gehängt.

Die Krabbenspinne kann gelb und weiß, manchmal auch grün werden – und die eigene Farbgebung dabei aktiv steuern: Für eine Gelbfärbung wird flüssiger Farbstoff in die oberste Zellschicht eingetragen. Um blütenweiß zu werden, kann die Spinne den Farbstoff ins Körperinnere verlagern oder nach ein paar Tagen ausscheiden. Dann ist allerdings der Farbwechsel zurück auf Gelb nicht mehr so leicht möglich. Der dafür benötigte Farbstoff muss erst wieder hergestellt werden. Das kann ein paar Tage dauern. Die chamäleongleiche Superkraft wohnt übrigens nur den bis zu einem Zentimeter großen, ausgewachsenen Weibchen inne. Die Männchen sind wie bei vielen Spinnenarten deutlich kleiner und haben einen hellen Hinterleib und dunklen Vorderleib. Eine Kombination, die sich als Tarnung auf den allermeisten Blüten eher weniger gut eignet. Dass aber auch die Männchen ihr Auskommen finden, hat mit einer Eigenschaft beider Geschlechter zu tun, nämlich UV-Licht reflektieren zu können. Für Bienen und Fliegen ist diese sehr attraktiv, sie werden dadurch also aktiv angelockt. Gleichzeitig wird den potenziellen Beutetieren durch das UV-Licht die Erkennung des Spinnenkörpers erschwert, sodass sie blindlings in die Falle tappen.

Ton in Ton: die Veränderliche Krabbenspinne (*Misumena vatia*) auf einer gelben Blüte.

Porträt: Halsbandsittich

Ralf Stork

Dem Käfig entkommen um zu bleiben: Ihr leuchtend grünes Gefieder macht diese Papageien zu exotischen Hinguckern in den Baumwipfeln deutscher Städte.

Eine Wolke leuchtenden Grüns, die kurz verblasst, um gleich erneut aufzublitzen: Ein Schwarm Halsbandsittiche, von der Sonne bei jedem Richtungswechsel neu in Szene gesetzt, zaubert ein spektakuläres Farbenspiel an den Himmel, wie man es von einheimischen Vögeln nicht kennt.

Doch was heißt schon einheimisch? Zwar stammen die Tiere ursprünglich aus den Savannen Asiens und Afrikas, doch sind sie hierzulande längt keine seltenen Gäste mehr. Alexander der Große hat *Psittacula krameri* vor mehr als 2000 Jahren aus Indien mit nach Griechenland gebracht. Seither sind die Sittiche in Europa beliebte Ziervögel – die allerdings immer wieder mal aus ihren Käfigen entkommen oder freigelassen werden. Der erste frei fliegende Halsbandsittich wurde 1969 in Köln gesichtet. Seither breiten sich die Tiere vor allem entlang der klimatisch milden Rheinebene aus. Größere Bestände gibt es zum Beispiel in Köln, Düsseldorf, Wiesbaden, Mainz, Mannheim, Ludwigshafen und Heidelberg; insgesamt leben in Deutschland wohl weit über 10000 Tiere. Und mit der fortschreitenden Klimaerwärmung werden sich die Bedingungen für sie eher noch verbessern.

Halsbandsittiche sind anpassungsfähig und fast schon so zutraulich wie Tauben oder Spatzen. Sie halten sich oft in Parkanlagen auf, wo sie gern in den Höhlen alter Platanen brüten. Das Verhältnis der Menschen zu ihnen ist ambivalent: Die bunten Vögel lassen sich leicht beobachten und sind ein beliebtes Fotomotiv. Viele Papageien auf einem Haufen machen aber auch viel Lärm und viel Dreck. Sie basteln sich Bruthöhlen in Styroporfassaden oder plündern Obstgärten. Immer wieder wird deshalb die Forderung laut, die Eindringlinge zurückzudrängen. Doch besonders erfolgversprechend sind diese Bemühungen bislang nicht. Die Papageien bleiben auf dem Vormarsch, ein Ausdruck für unsere globalisierte, aus den Fugen geratenen Welt. Aber wenn ein großer Schwarm nahe einer Autobahn, eines Gewerbegebiets oder sonst einer schnöden Umgebung abends in seinen Schlafbaum einfällt, dann hat das grüne Leuchten seinen ganz eigenen, beinahe tröstlichen Zauber.

Grün an Grün: Halsbandsittiche (*Psittacula krameri*) bei der Gefiederpflege.

Was ist hier Blatt, was Tier? Dieser Gespenst-Platt-schwanzgecko be-herrscht zweifel-los die Kunst der Tarnung.

Die Kunst der Täuschung

Martin Rasper

Prächtiges Gefieder, beindruckender Kehlsack, Balzrituale wie im Varieté – alles schön und gut. Aber der faszinierendste Einsatz von Farben in der Natur findet in der Abteilung Tarnen & Täuschen statt. Was dort geschieht, ist auch ein Paradebeispiel für die Mechanismen der Evolution.

Viele Insekten geizen nicht mit Farben. Manche Wanzen und Zikaden haben prächtig gefärbte Rückenschilde; Libellen schillern blau, grün oder rot, Heuschrecken leuchten in grellem Grüngelb. Ganz zu schweigen von der größten Insektengruppe, den Käfern. Allein die Marienkäfer, mit über 6000 Arten weltweit vertreten, sind nicht nur rot oder gelb, sondern bieten eine Farbpalette, die von hellbeige über gelb, orange, rot, rosa und braun bis zu fast schwarz reicht.

Im Gegensatz etwa zu den Vögeln dienen aber bei den Insekten die Farben seltener der Partnerfindung, sondern zumeist als Warnung. „Achtung, ich bin gefährlich! Leg dich nicht mit mir an!", lautet eine häufige Botschaft. Oder: „Vergiss es, ich bin ungenießbar!" Solche Warnsignale haben sich im Lauf der Evolution als sehr effektives Kommunikationsmittel erwiesen. Dabei sind es gerade die grellsten Farbkombinationen, die als Warnsignal fungieren. Verblüffend zum Beispiel, wie sich das Schwarz-Gelb durchgesetzt hat – möglicherweise deshalb, weil es der maximale Kontrast ist. Ob bei Hornissen oder Wespen, bei Schwebfliegen, Käfern oder Schmetterlingsraupen, Schwarz-Gelb ist bei Insekten schwer angesagt. Doch auch andere Tiere wie der Feuersalamander vertrauen auf diese Farbkombination. Auch andere Warnfarben werden oft mit Schwarz kombiniert: Baumsteigerfrösche sind häufig schwarz-grün oder schwarz-rot; Marienkäfer, Widderchen und verschiedene Streifenwanzen setzen ebenfalls auf diese Kombi.

Ein funktionierendes Warnsignal hat für beide Seiten Vorteile, für den Sender wie den Empfänger. Wenn etwa eine Raupe einen Vogel effektiv davor warnen kann, dass sie giftig ist, haben beide etwas davon: Der Vogel spart sich das Bauchweh (oder Schlimmeres), und die Raupe bleibt am Leben. Experimente haben nachgewiesen, dass Vögel tatsächlich sehr schnell und sehr effektiv lernen, wenn ihnen eine Beute nicht bekommt. Berühmt wurde in diesem Zusammenhang das Bild eines Blauhähers aus Experimenten des amerikanischen Ornithologen Lincoln Brower, der einen verspeisten Monarchfalter wieder ausspeit – und sich dabei über seine Sitzstange beugt wie ein seekranker Tourist über die Reling. Dieser Blauhäher wird nie im Leben wieder einen Monarchfalter anrühren.

Die Nachmacher kommen

Das Praktische an der Abschreckung ist, dass sie auch für sich allein funktioniert – unabhängig davon, ob tatsächlich Vergiftung droht oder nicht. Was wiederum bedeutet: Wenn es einem harmlosen Tier gelingt, die Warnung überzeugend zu imitieren, dann verbessert es seine Überlebenschancen enorm. Deshalb ruft das Warnsystem schnell Nachahmer auf den Plan.

„Mimikry" nennt man dieses Phänomen, wenn ein Tier die Warnwirkung eines anderen erfolgreich nachahmt, obwohl es selbst gar nicht gefährlich ist. Es ist ein faszinierendes Kapitel der Evolution und der Ökologie und eines der erstaunlichsten Beispiele für die Wirkung von Farben in der Natur.

Häufiger als bei jeder anderen Tiergruppe tritt die Mimikry bei Insekten auf. Gerade die schwarzgelbe Zeichnung der Wespen und Hornissen ist eines der am häufigsten nachgemachten Muster. Zahllose Schwebfliegen, Käfer und andere Insekten schmücken sich mit dem Warnkleid, ohne selbst gefährlich zu sein: Große Schwebfliege, Dickkopffliege, Gebänderte Waldschwebfliege, Gemeiner Widderbock, sie alle vertrauen auf die abschreckende Wirkung der

Schutz durch Nachahmung: Die ungefährliche Hornissenschwebfliege (l.) imitiert die Warnfarben der Hornisse.

schwarz-gelben Streifen. Und oft schlägt sich die Ähnlichkeit auch im Namen nieder: etwa bei der Hornissenschwebfliege, dem Hornissenschwärmer oder dem Hornissenglasflügler.

Auch die Warnzeichnung des Marienkäfers wird häufig nachgeahmt, zum Beispiel von der Roten Röhrenspinne. Die hat einen roten Hinterleib mit vier schwarzen Punkten drauf, der auf den ersten Blick sehr ähnlich aussieht. Nur muss man sich eines dabei immer klarmachen: Die Spinne „weiß" nichts davon, dass sie dem Marienkäfer ähnelt, sie weiß ja nicht einmal, welche Farbe sie hat. Auch der Marienkäfer weiß nichts davon, wie er aussieht und dass ihm das beim Überleben hilft. Es ist einfach ein Beispiel dafür, wie Evolution funktioniert: Die Tiere, die gelernt haben, dass der Marienkäfer schlecht schmeckt, vermeiden auch ähnlich aussehende Spinnen – und so werden diejenigen Röhrenspinnen, die dem Marienkäfer ähneln, seltener gefressen und vermehren sich stärker, wodurch ihr spezielles Aussehen sich weiter verbreitet.

Faszinierendes Prinzip

Entdeckt wurde die Mimikry in den 1850er- und 1860er-Jahren von Henry Walter Bates, einem englischen Forscher, der elf Jahre lang im Amazonas-Regenwald unterwegs war, wo er Tiere und Pflanzen für Museen und Privatleute sammelte. Zu jener Zeit konnte man noch echte Entdeckungen machen. Bates, der zeitweise mit dem Mitentdecker der Evolutionsprozesse Alfred Russel Wallace zusammenarbeitete und auch mit Charles Darwin korrespondierte, brachte von seinem Aufenthalt unerhört reiche Beute mit, unter anderem 8000 (!) bis dahin unbekannte Arten von Insekten.

Beim Sortieren seiner Schätze fiel Bates auf, dass es unter seinen Schmetterlingen Arten gab, die sich verblüffend ähnelten, ohne miteinander verwandt zu sein. Einige Arten aus der Gattung *Leptalis* beispielsweise, Tagfalter mit einer charakteristischen schwarzbraun-gelbweißen Flügelzeichnung, sahen genauso aus wie Arten aus der Gattung *Ithomia*. Die Ähnlichkeit war so groß, dass Bates selbst die Arten zunächst verwechselt hatte, bevor er erkannte, dass sie verschiedenen Gattungen angehörten. Und es gab mehrere solcher Paarungen, bei denen zwei Schmetterlinge, die nicht verwandt waren, einander ähnlicher sahen als ihren jeweiligen Verwandten. Und immer war von diesen artfremden Paaren der eine giftig und der andere nicht; und immer kamen beide aus demselben Gebiet. Es gab dafür nur eine Erklärung: Die ungiftigen Arten mussten sich den giftigen optisch angenähert haben, um von deren Warnmechanismus zu profitieren. Diese grundlegende Form der Mimikry

Der Marienkäfer (l.) schmeckt seinen Feinden nicht. Deshalb profitiert die Röhrenspinne (r.) davon, ähnliche Punkte auf dem Hinterleib zu tragen.

ist seither vielfach untersucht worden; sie wird Bates zu Ehren als *Bates'sche Mimikry* bezeichnet.

Nicht nur der Zusammenhang an sich faszinierte die Biologen damals (und tut das bis heute). Ihnen war auch sofort klar, dass hier mehrere zentrale Phänomene der Evolutionstheorie berührt werden. Auch Charles Darwin wunderte sich zunächst, „warum die Natur sich überhaupt zu einer derartigen Komödie herbeiließ". Und er würdigte Bates' Anteil an der Erforschung dieses Evolutions-Phänomens, indem er seine Erkenntnisse bereits 1859 in der ersten Auflage seines Hauptwerks *Von der Entstehung der Arten durch natürliche Zuchtwahl* ausführlich schilderte.

Tatsächlich sind die Zusammenhänge, wie Darwin und Bates schon erkannten, sehr komplex – und auch deshalb faszinierend. Die Mimikry funktioniert nämlich nur, wenn die Zahl der Nachahmer nicht überhandnimmt. Denn es ist zwar so, dass ein Vogel, der eine extrem übelschmeckende Beute erwischt, sich deren Aussehen häufig schon nach der ersten Begegnung lebenslang merkt; die Warnung funktioniert also sehr gut. Wenn der Vogel aber zuerst einen der Nachahmer erwischt, wird er sich diesen zunächst als essbar merken – und dann eher zwei oder drei Begegnungen mit dem giftigen Original brauchen, um schließlich zu der Überzeugung zu gelangen, dass dieses Tier doch nicht essbar ist.

Das bedeutet, je mehr Nachahmer unterwegs sind, desto höher ist einerseits der Preis, den auch die Originale zahlen müssen; desto höher ist aber auch die Wahrscheinlichkeit, dass die Abschreckung auch für die Nachahmer nicht funktioniert. Die Trittbrettfahrer müssen also immer deutlich in der Minderheit bleiben, damit das Mimikry-System funktioniert.

Außerdem erzeugen zu viele Nachahmer einen erhöhten Selektionsdruck – sie erhöhen die Wahrscheinlichkeit, dass die Originale ihr Aussehen und ihr Verhalten weiterentwickeln, woraufhin die Nachahmer wiederum nachlegen müssten, um mitzuhalten. Das Ganze bildet also auf mehreren Ebenen ein dynamisches Gleichgewicht. Und es ist ein faszinierendes Beispiel für eine Koevolution, bei der verschiedene Akteure sich gegenseitig zu immer neuen Entwicklungen treiben.

Die Kunst der Tarnung

Bis hierher war überwiegend von auffälligen Farben die Rede. Aber Tiere können auch ganz unauffällig gefärbt sein. Dann dienen die Farben dazu, gerade nicht gesehen zu werden. Für diesen Wunsch gibt es vor allem zwei Gründe: entweder weil man viele Feinde hat und nicht auffallen darf – oder weil man selbst ein Jäger ist und von der Beute möglichst lange unentdeckt bleiben muss. Auch hier geht der Selektions-

Der Argentinische Hornfrosch trägt die gleichen Farben wie das feuchte Laub, hervortretende Strukturen auf seiner Haut fördern die Illusion zusätzlich.

druck vom Signalempfänger aus und führt in diesen Fällen zu einem Vorteil für das unauffälligere Tier, egal ob Jäger oder Gejagter.

Viele Tiere sind schon dadurch recht gut getarnt, dass ihre Färbung ihrem Lebensraum angepasst ist: Dezente Brauntöne, ein bisschen gesprenkelt, gestreift oder getupft, fertig ist das Tarnkleid. So sind eine Nachtschwalbe im welken Laub, eine Bekassine auf der Feuchtwiese oder ein Uhu zwischen Gesteinsbrocken kaum zu sehen. Auch kleine Säugetiere sind meist bräunlich, viele Insekten sind braun oder schwarz. Und fast alle Arten der Wüsten und Savannen, vom Erdmännchen über den Kojoten bis zum Löwen, sind bräunlich-gelb – die einzige Farbe, die in dieser Umgebung Sinn macht. Diese Nachahmung der

Umgebung nennt man in Abgrenzung zur Bates'schen Mimikry auch Mimese.

Jenseits von diesem handwerklichen Durchschnitt hat die Kunst der Tarnung aber auch einige verblüffende Höchstleistungen hervorgebracht. *Ceratophrys* beispielsweise, ein räuberisch lebender Hornfrosch, der sich im südamerikanischen Regenwald im feuchten Laub eingräbt und dort auf Beute lauert. Der Frosch ist derart mit unregelmäßig geformten, bräunlich glänzenden, teils sogar reliefartig hervortretenden Strukturen überzogen, dass er völlig mit der Laubschicht verschmilzt. Die Insekten, die er frisst, bemerken ihn erst, wenn er sie im Maul hat. Ein anderes faszinierendes Beispiel für eine nahezu perfekte Illusion sind die Blattschwanzgeckos aus Madagaskar. Sie sehen aus, als seien sie aus einem Stück mit Flechten überzogener Baumrinde geschnitzt – genauso unregelmäßig gefärbt und geschuppt, am Körperumriss sogar wie ausgefranst wirkend. Wenn solch ein nachtaktiver Gekko sich tagsüber zum Ruhen an einen Baumstamm schmiegt, ist er kaum zu erkennen.

Meister der Mimikry

Einige Stabheuschrecken wiederum sind derart vollkommen einem dürren Zweig nachgebildet, dass kaum ein Vogel sie sieht, wenn sie sich unbeweglich an einen Ast klammern. Manche Schmetterlinge sehen nicht nur aus wie verwelkte Blätter, sie haben sogar wie angeknabbert wirkende Fehlstellen oder nachgemachte Schimmelflecken auf den Flügeln. Und der Edelfalter *Zaretis itys* setzt noch eins drauf, indem er nicht nur all diese Merkmale vereint; wenn er seine Flügel zusammenklappt, zeigen diese einen länglichen Schattenriss, der auf den ersten Blick exakt so aussieht wie die Mittelrippe eines welken Blattes. Besser geht's nicht.

Warum gerade die Insekten zu solchen Höchstleistungen bei der Mimikry auflaufen, darüber rätseln die Forscher noch. Ein Grund dürfte sein, dass sie meist klein und schwach sind, also potenzielle Beute – da ist die Täuschung des Gegners eine schlaue Strategie. Eine Rolle spielen dürfte auch die schiere Zahl: Von den rund 1,7 Millionen bekannter Arten sind rund 900 000 Insekten, da hat die Evolution mehr Möglichkeiten zum Ausprobieren als bei anderen Tiergruppen.

Eines der seltenen Beispiele aus der Welt der Vögel ist der Perlkauz, *Glaucidium perlatum*, eine kleine, zu den Sperlingskäuzen gehörende Eule aus Afrika. Er besitzt am Hinterkopf ein Paar „Scheinaugen", dunkle, augenähnliche Flecken im Gefieder. Sie haben den Effekt, dem Raubvogel die lästigen Kleinvögel vom Hals zu halten, die sich wehren, wenn er sie jagt. Sie greifen ihn an, stören seinen Jagderfolg und versuchen ihn am Kopf zu picken – doch in dem Moment, wo sie die vermeintlichen Augen erblicken, lassen sie vor Schreck ab. Bis vielleicht irgendein kleiner Vogel merkt, dass man sich vor *diesen* Augen doch nicht fürchten muss ... Die Evolution schläft nie.

Die „Augen" am Hinterkopf des Perlkauzes schrecken kleine Vögel ab, die ihn bei der Jagd stören.

So rindenartig gemustert fällt das Abendpfauenauge kaum auf. Die jetzt versteckten Hinterflügel dagegen tragen ein auffällige Augenzeichnung.

Ralf Stork

Tarnen, Täuschen, Gefühle zeigen

Chamäleons und Tintenfische sind in der Lage, die Farbe ihrer Haut zu verändern. Der Vorgang ist kompliziert, eröffnet aber ungeahnte Möglichkeiten.

Wir Menschen haben die Möglichkeit, unser Äußeres je nach Anlass zu verändern: Bei einer Beerdigung tragen wir eher schwarz. Zur Beach-Party darf es auch schon mal ein buntes Hemd sein. Zu feierlichen Anlässen eher Anzüge und festliche Kleider. Zum Glück sind die Konventionen nicht mehr so streng festgelegt. Aber die Kleiderschränke dieser Welt halten im Prinzip Farben und Muster für alle passenden und unpassenden Anlässe und Gelegenheiten bereit. In der Tierwelt ist das anders. Da hat jedes Tier seine Schuppen, sein Federkleid oder seine Haartracht. Manchmal steht noch ein Fellwechsel oder eine Mauser an, aber das wars dann. Ein Elefant ist immer grau, ein Laubfrosch immer grün. Farbwechsel ausgeschlossen.

Doch es gibt Ausnahmen: Chamäleons, Schollen, Masken-Nasendoktorfische und Tintenfische können oft in Sekundenschnelle ihre Farbe wechseln. Der Mechanismus, der dahintersteckt, ist fast immer der Gleiche: In der Haut der Tiere liegen verzweigte Zellen, sogenannte Chromatophoren, die Farbpigmente enthalten. Es gibt unterschiedliche Chromatophoren für verschiedene Farben: Xantophoren und Erythrophoren sind gelb-rot gefärbt; Guanophoren können den Tieren ein weißliches bis silbernes Aussehen verleihen. Die farbliche Veränderung erfolgt dadurch, dass sich die Pigmentzellen in der Haut ausdehnen oder zusammenziehen. So können auf der Haut verschiedene Muster und Mischfarben entstehen.

Das Chamäleon ist der bekannteste Farbwandler im Tierreich. Dass dies aber mehr mit Kommunikation als mit Tarnung zu tun hat, wissen nur wenige.

Das Chamäleon ist der vielleicht bekannteste Farbwechsler und einer der wenigen unter den Landtieren. Etwa drei Viertel der rund 200 bekannten Arten sind in der Lage, die Farbe zu verändern. Dabei spielen die Guanophoren eine besondere Rolle: Sie sind in zwei Schichten in die Haut eingelagert und enthalten winzige Guaninkristalle, die das Licht brechen und blaues Licht reflektieren. Zieht sich dieses Kristallgitter auseinander oder zusammen, verändert sich der Reflexionswinkel und damit auch die Farbe des Tieres.

Schwarz vor Angst, schillernd bei Stress

Entgegen verbreiteter Vermutungen geht es bei dieser Verwandlung aber nicht um Tarnung. Dafür haben die Chamäleons ihre Grundfarbe, mit der sie an ihren Lebensraum angepasst sind: Grün, bei Arten die in Bäumen zu Hause sind. Braun bei Arten, die auf dem Boden leben. Die Farbwechsel dagegen sind wichtig, um mit Artgenossen zu kommunizieren. Während der Paarungszeit zeigen die Männchen oft besonders intensive Farben und Muster. Auch bei Auseinandersetzungen verändert sich ihr Aussehen: Bei Angst und als Zeichen ihrer Unterlegenheit werden viele Tiere schwarz, bei Stress schillern sie in hellen Tönen. Gezielt steuern können Chamäleons den Farbwechsel nicht. Er vollzieht sich über den Hormonhaushalt. Je nach Gemütszustand werden unterschiedliche Hormone ausgeschüttet, die die Veränderung auslösen. Außer zur Kommunikation nutzen Chamäleons ihre Fähigkeit aber auch, um sich bestmöglich auf äußere Umstände einzustellen: Bei hohen Temperaturen färben sie sich hell. So wird das einfallende Licht besser reflektiert und eine Überhitzung vermieden. Bei niedrigen Temperaturen nehmen sie eine dunkle Farbe an. So können sie als wechselwarme Tiere die Sonnenenergie am besten nutzen.

Die praktische Fähigkeit des Farbwechsels kommt auch bei einigen Fischen vor. Schollen und andere Plattfische passen ihre Haut zu Tarnungszwecken der Umgebung an. Weil sie auf sandigem Boden leben, ist ihre Palette zum Umfärben mit den verschiedensten Brauntönen ausgestattet. Der vermeintliche Bauch, auf dem die Scholle im sandigen Untergrund liegt, ist in Wahrheit übrigens die linke Körperhälfte; das linke Auge wandert im Larvenstadium auf die rechte Körperseite, nach „oben".

Der Sparren Falterfisch dimmt am Abend, wenn er sich am Riff zur Ruhe begibt, einfach seine Farben herunter, so dass er beim Schlafen nicht so gut entdeckt werden kann. Und auch der Masken-Nasendoktorfisch kann seine Zeichnung bei Bedarf verändern: Bei der Balz lassen die Männchen die vielen dunkelbraunen Streifen und Punkte auf ihren Flanken blau aufleuchten. Die Umfärbung erfolgt auch, wenn sie sich zu einer Putzstation der Putzerfische begeben. Auf dem blauen Hintergrund sind die Parasiten, die sich auf der Haut festgesetzt haben, dann besser zu sehen und können so leichter von den Putzerfischen beseitigt werden.

Die Scholle (*Pleuronectes platessa*) kann die Farbe ihrer Haut dem Meeresboden anpassen.

Der Masken-Nasendoktorfisch lässt bei der Balz seine Streifen und Punkte blau leuchten.

Bei Tintenfischen ist die Fähigkeit zum Farbwechsel am spektakulärsten. Kalmare, Sepien und Kraken können ihr äußeres Erscheinungsbild innerhalb weniger Sekunden verändern, zum Beispiel, um farblich mit der Umgebung zu verschmelzen. Die erstaunlich intelligenten Verwandten von Schnecken steuern die farbliche Anpassung übers Gehirn: Ihre Chromatophoren enthalten gelbe, rote oder schwarze Farbstoffe. Winzige Muskelfasern setzen am Rand jeder Zelle an. Werden die Muskeln kontrahiert, wird der Farbstoff in der Zelle in die Breite gezogen und dadurch sichtbarer. Entspannen sich die Muskeln wieder, schrumpft die Pigmentzelle auf ihre ursprüngliche Größe zurück. Die Farbe wird blasser. Anders als die Chamäleons, die durch die Kopplung von Emotionen und Hormonhaushalt den Farbwechseln quasi ausgeliefert sind, können die Tintenfische ihn aktiv steuern – und nutzen das auf raffinierteste Weise.

Die Modetricks der Tintenfische

Zu den Balzritualen bei den Trauersepien (*Sepia plangon*) gehört, dass ein Männchen ein begehrtes Weibchen mit pulsierenden Streifen auf seinem Körper zu beindrucken versucht. Für andere Männchen sind diese Streifen eine Provokation. Sie könnten versuchen, die sich anbahnende Paarung zu stören, um vielleicht selbst zum Zuge zu kommen. Die Sepienmännchen haben eine kreative Lösung für dieses Problem gefunden: Sie zeigen auf ihrem Körper zur gleichen Zeit unterschiedliche Färbungen. Dem Weibchen präsentieren sie ihre schillernde Körperhälfte mit Streifen. Die Seite, die einem konkurrierenden Männchen zugewandt ist, färben sie dagegen mit möglichst unauffälligen Farben. Diese Aufteilung ist nur dann sinnvoll, wenn genau ein anderes Männchen anwesend ist. Und das ist der Sepie bewusst: Bei mehreren anwesenden Konkurrenten, die aus verschiedenen Richtungen auf das balzende Paar gucken und so die Täuschung schnell durchschauen können, verzichten die Männchen auf die unterschiedlichen Färbungen.

Auch bei der Riesensepie *(Sepia aparma)* nutzen Männchen ihre Wandlungsfähigkeit, um Konkurrenten mit einer Art Guerilla-Taktik zu täuschen: Gegenüber großen Männchen sind kleinere Exemplaren bei der Paarung deutlich unterlegen. Die Kraftprotze bewachen zum Teil mehrere Weibchen und vertreiben Rivalen. In einer offenen Auseinandersetzung hätten die Kleinen da keine Chance. Aber sie bedienen sich einer List: Sie geben sich als Weibchen aus, indem sie deren Farben nachahmen. Damit täuschen sie die großen Männchen, werden zu den bewachten Weibchen durchgelassen und haben so auch eine Chance, sich in einem unbeobachteten Moment zu paaren.

Acht Arme, 13 Gesichter

Der absolute König unter den Farbwandlern und Täuschern ist allerdings der Mimik-Oktopus (*Thaumoctopus mimicus*). Die bis zu 60 Zentimeter langen Tiere wurden erst 2001 in Indonesien entdeckt. Die Art nutzt ihre Wandlungsfähigkeit, um Farbe und Gestalt von bis zu 13 anderen Arten anzunehmen. Unter anderem können sich die Kraken in einen Feuerfisch, eine Seeschlange oder einen Plattfisch „verwandeln". Für die Darstellung eines Plattfisches nimmt die Krake dessen sandige Grundfarbe an, legt ihre Arme hinter dem Kopfteil dicht nebeneinander und gleitet so flach über den Boden. Größere Plattfische sind Raubfische und damit deutlich gefährlicher als der harmlose Krake. Um eine Seeschlange nachzuahmen, versteckt der Mimik-Oktopus sechs seiner acht Arme im sandigen Boden. Die übrigen zwei streckt er in die Höhe und lässt sie die charakteristische Schwarz-weiß-Ringelung der extrem giftigen Schlange annehmen. Die Gestalt eines ebenfalls giftigen Feuerfisches nimmt *Thaumoctopus mimicus* an, indem er im freien Wasser schwimmt und die Arme in alle Richtungen von sich streckt. Auch hier trifft er die Farben der giftigen Stacheln ziemlich genau.

Es wird vermutet, dass der Mimik-Oktopus seine Scharade nicht einfach automatisch abspult, sondern – abhängig von der Situation – überlegt handelt. Die Verkleidung als Seeschlange zum Beispiel nutzt er vor allem, wenn er von Riffbarschen belästigt wird, der bevorzugten Beute der Schlangen. Die abschreckende Wirkung dürfte so also am größten sein.

Die Wandlungsfähigkeit der großen Gruppe der Tintenfische ist umso erstaunlicher, wenn man bedenkt, dass die Tiere farbenblind sind. Offenbar

kompensieren sie das, indem sie die Helligkeitsunterschiede der Umgebung besonders gut wahrnehmen können. Und zwar nicht nur mit den Augen. Auch die Haut der Weichtiere ist mit Lichtsensoren ausgestattet, die Hell und Dunkel wahrnehmen können. Alles in allem eine ausgeklügelte evolutionäre Entwicklung, die die Tintenfische zu Imitationskünstlern macht – und uns Menschen staunend zurücklässt.

Der Mimik-Oktopus in seiner Verkleidung als Feuerfisch; seine Tentakel tragen die Farben der giftigen Stacheln.

Die Wüste leuchtet

Christian Jung

Ein deutsches Forscherteam hat eine einzigartige Fluoreszenz bei Geckos entdeckt – ein Phänomen, das bisher hauptsächlich aus dem Meer bekannt war und längst nicht abschließend erforscht ist.

Wenn der Gecko *Pachydactylus rangei* im Mondschein durch die Wüste Namibias läuft, ist es, als huschten ein paar Textmarker vorbei. Mit seinen hell fluoreszierenden Hautstreifen an Augen und Körperseiten wirkt er perfekt in Szene gesetzt. „Uns war sofort klar: Das ist Biofluoreszenz von einer zumindest für Landlebewesen außergewöhnlichen Leuchtkraft", sagt David Prötzel von der Zoologischen Staatssammlung München, einer der Entdecker.

Fluoreszenz ist wie Phosphoreszenz eine Form kalten Leuchtens. Sie unterscheidet sich von anderen Formen der Lumineszenz, des Selbstleuchtens von Lebewesen, dadurch, dass das Strahlen stoppt, wenn die lichtaussendende Quelle versiegt. Das Prinzip: Bestimmte Moleküle – häufig Proteine – nehmen einfallende Strahlung auf und werden dadurch kurzfristig in einen energetisch höheren Zustand versetzt. Bei

Rückkehr in den Grundzustand geben sie dann ihrerseits Licht ab, allerdings in einem anderen Spektrum. Der Gecko beispielsweise nimmt bei seinen nächtlichen Wanderungen den blauen Anteil des Mondlichts auf und strahlt dieses als heller wirkendes, neon-grünes Licht wieder ab. Bei Tag hingegen verschmilzt er unscheinbar mit dem sandigen Hintergrund.

„Die beim Gecko gefundene Leuchtkraft übersteigt vergleichbare bekannte Phänomene, wie etwa die knochenbasierte Fluoreszenz, die wir vor drei Jahren beim Chamäleon entdeckt haben", sagt Frank Glaw, der bei den bayerischen Staatssammlungen den Bereich Amphibien und Reptilien leitet. Bei den bekannten Tarnmeistern senden kleine, knöcherne Höcker am Schädel das fluoreszierende Licht aus. Hier ist die Haut der Reptilien äußerst dünn, der UV-Anteil im Sonnenlicht kann leicht wirken. Er trifft im Kno-

Gecko mit Neon-Streifen: *Pachydactylus rangei* leuchtet unter UV-Licht außergewöhnlich stark.

chen auf bestimmte Moleküle und regt diese an. Sie erzeugen dann das fluoreszierende Licht, das durch die dünne Haut zurückgeworfen wird und für knallige Farbeffekte sorgt.

Es leuchtet überall

Nach anfänglichen Einzelbefunden vor rund einem Jahrzehnt stoßen Forscher derzeit permanent auf neue Tierarten, die unter UV- oder Blaulicht zu fluoreszieren vermögen. Es gibt einige Pilze und Pflanzen; sogar manche Früchte leuchten – entsprechend bestrahlt – in unerwarteten Farben. Jüngst kam das Schnabeltier hinzu, das an Rücken und Bauch unter UV-Licht grün oder bläulich leuchtet; Beuteltiere wie eine Opossum-Art oder rosa blitzende Gleithörnchen, zudem reichlich Frösche, Molche, Salamander, Schildkröten sowie zunehmend Insektenarten. Sogar die Federn mancher Vögel fluoreszieren. Inzwischen hat eine Reihe von Studien gezeigt, dass Fluoreszenz vor allem für jene Arten von Bedeutung ist, die in der Dämmerung aktiv sind oder im schummrigen Unterholz leben – also Zonen, in denen blaues Licht vorherrscht.

Das gilt auch für ein Leben unter Wasser. Dieses filtert Licht weitaus stärker als die Luft: Rot und Gelb sind dort schon wenige Meter unter der Oberfläche nicht mehr erkennbar. Blau- und Grüntöne herrschen vor und Farbunterschiede verschwinden. Farbpigmentierung funktioniert hier kaum, Biofluoreszenz ist quasi alternativlos. Viele Meerestiere wie Quallen und Korallen, aber auch Knochenfische wie der Hai nehmen daher blaues, energiereiches Licht auf und geben es in Form energieärmeren roten, gelben, orangenen oder auch grünen Leuchtens wieder ab.

Jennifer Lamb und Matthew Davis von der St. Cloud State University in Minnesota, USA, untersuchten die Fluoreszenz von 180 Tierarten genauer und fanden eine erstaunliche Vielfalt an Mustern und Intensitäten. Bei manchen fluoresziert der Körper mehr oder weniger gleichmäßig, andere wiederum zeigen Flecken oder Streifen. Bei einigen korrespondieren die leuchtenden Bereiche mit Zeichnungen, die auch bei Tageslicht erkennbar sind. Manchmal handelt es

sich um einen Zufall, doch häufig dienen die Leuchtzeichen wohl der innerartlichen Kommunikation, für die Balz oder um Feinde zu verwirren. So gebe es starke Indizien dafür, dass etwa Amphibien mithilfe bestimmter Rezeptoren besonders gut Wellenlängen im Fluoreszenz-Spektrum erfassen – ganz im Gegensatz zum Menschen.

Grundsätzlich gibt es drei Grundmechanismen der Biofluoreszenz, die sich im Laufe der Evolution unabhängig voneinander entwickelt haben: Schon länger bekannt war, dass sie über die Knochen ausgelöst wird oder durch spezifische Moleküle, die in der Lymphflüssigkeit kursieren. „Aber allein schon die Stärke des Leuchtens ließ vermuten, dass bei den Wüstengeckos ein neuer Mechanismus vorliegen musste", sagt David Prötzel.

Tatsächlich ermöglichen spezielle in die Haut eingelagerte Pigmentzellen, sogenannte Iridophoren, das kräftige neon-grüne Fluoreszieren; an Hautstellen außerhalb des Musters fehlen sie. Vermutlich will der Gecko in den Weiten der dunklen Namib-Wüste von Artgenossen erkannt werden – und das möglicherweise schon aus großer Ferne. Erleuchtung kann und soll es also auf diesem Planeten offenbar überall und zu jeder Zeit geben.

Auch Katzenhaie fluoreszieren. Menschen können das grüne Leuchten nicht sehen (u.); eine spezielle Kamera zeigt, wie die Tiere für ihre Artgenossen aussehen (o.).

Korallenriffe sind
bunte Oasen in
den blau-schwarzen
Weiten der Ozeane.

Wo die Farben verschwimmen

Ralf Stork

Die Ozeane der Erde sind eine Welt für sich. An überbevölkerten Riffen tobt das bunte Leben, Geschöpfe der Finsternis suchen nach Nähe, und ein Leuchten in der Brandung regt zum Nachdenken an.

Das Meer ist unermesslich groß. Allein der Pazifik (166 Millionen Quadratkilometer) ist größer als alle Kontinente zusammen (148 Millionen Quadratkilometer). In den Ozeanen leben Blauwale und Meeresschildkröten, skurrile Tiefseekreaturen und – noch zumindest – riesige Fischschwärme. Gemessen an dem gigantischen Volumen ist der Artenreichtum aber eher gering: Viele Regionen der Meere sind fast unbewohnt. Dann gibt es wieder Orte, an denen das Wasser überschäumt vor Leben.

Entscheidend dafür ist die Sonne. Wie an Land ist ihr Licht der Motor der Fotosynthese und damit allen Lebens. Allerdings absorbiert das Wasser große Mengen des Lichts, sodass es schnell finster wird: Nach Rot, Orange, Gelb und Grün verschwindet ab einer Tiefe von 60 Metern auch das Blau aus dem Licht. In der vollkommenen Finsternis, die spätestens ab einer Tiefe von 1000 Metern herrscht, ist keine Fotosynthese mehr möglich. Dort finden sich dann nur noch ein paar Spezialisten zurecht.

Megacity Korallenriff

Wo aber Licht ist, da tobt das Leben – und wo es Strukturen zum Verstecken, zum Festwachsen und zum Eier ablegen gibt. An Küsten zum Beispiel. Vor allem aber in Korallenriffen. Die zählen zu den artenreichsten Lebensräumen überhaupt. Mehr als 60 000 Arten sind bereits bekannt, Schätzungen zufolge könnten sich an einem Riff bis zu zwei Millionen Arten auf engstem Raum tummeln. Eine lebenspendende Oase in der leeren Weite des Ozeans. Allerdings eine Oase im Megacity-Format: Die Plätze am Riff sind ebenso begrenzt wie begehrt.

Die Basis der Riffe bilden Steinkorallen und winzige einzellige Lebewesen, sogenannte Zooxanthellen,

die mit ihnen in Symbiose leben. Die Korallen scheiden am Fuß ein Kalkskelett aus, das beständig wächst. Die Zooxanthellen sitzen in der Haut der Korallenpolypen und produzieren durch Fotosynthese aus Wasser und dem darin gelöstem Kohlendioxid Nährstoffe – Zucker, einfache Fette und andere organische Verbindungen –, von denen sie mehr als die Hälfte wieder an die Korallen abgeben. Aber die profitieren nicht nur von dieser Energieversorgung, sondern auch von der Verwertung des im Wasser gelösten Kohlendioxids, das aus der Luft oder der Atmung der Polypen stammt. Denn CO_2 reagiert sauer und würde das Kalkskelett der Korallen schnell wieder auflösen. So aber bleibt es stabil. Auch andere Abfallstoffe der Koralle nehmen die einzelligen Algen gerne an, vor allem Stickstoff- und Phosphor-Verbindungen, die im Meer sonst absolute Mangelware sind.

Viele Rifffische wie der Königs-Feenbarsch (*Gramma loreto*) sind auffällig gefärbt; vermutlich, um sich innerhalb einer Art zu erkennen und von anderen abzugrenzen.

Ohne diese Symbiose können die Steinkorallen nicht überleben. Unter Stress stoßen sie ihre Endosymbionten manchmal ab – ein Vorgang, den man als Korallenbleiche kennt, da die Korallen mit den Einzellern auch ihre Farbe verlieren. Gemeinsam produziert das Symbiose-Paar aber so viel Energie und wertvolle Stoffe, dass auch andere Arten profitieren: Seeanemonen und Weichalgen lassen sich gerne auf den rauen Skeletten der Korallen nieder. Die Algen ziehen pflanzenfressende Fische an, die sich in den Winkeln und Falten des Korallengerüstes gut verstecken können. Die kleinen Fische ziehen wiederum größere Raubfische an, sodass immer komplexere Nahrungsketten entstehen.

Viele Rifffische, die wir aus dem Aquarium kennen, sind extrem bunt: Der Flammen-Zwergkaiserfisch zum Beispiel ist kräftig rot gefärbt mit schwarzen Streifen und einem blauen Saum. Papageifische haben eine schillernde neonhafte Haut und zeigen je nach Art unterschiedliche, intensive Farbkombinationen. Der Königsfeenbarsch ist vorn lila und hinten gelb, der Blaue Segelflossendoktor hat eine gelbe Schwanzflosse und ist ansonsten tiefblau und mit Punkten übersät. Es gibt unzählige Arten mit schreienden Farben, aparten Mustern und ungewöhnlichen Augenflecken. Aber wäre es gerade angesichts der Fülle potenzieller Prädatoren und Beutetiere nicht sinnvoller, sich zu tarnen?

Wenn die Farben verschwinden

So paradox es klingt, viele der farbenprächtigen Arten sind gar nicht so bunt, wie sie uns zunächst erscheinen. Im Aquarium werden die Tiere perfekt ausgeleuchtet und in Szene gesetzt. Wir können sie bei Tageslicht und aus unmittelbarer Nähe betrachten. In ihrem echten Lebensumfeld werden die Farben immer schon durch das umgebende Wasser getrübt. Der Juwelen-Zackenbarsch zum Beispiel sieht mit seinem knallroten Körper und den vielen blauen Punkten bei hellem Licht geradezu spektakulär bunt aus.

Im Schwarm wird die scheinbar auffällige Zeichnung des Wimpelfisches (*Heniochus diphreutes*) zur Tarnung: Die vielen Streifen lassen die Konturen der einzelnen Tiere verschwimmen.

Für Putzerfische ist es wichtig, dass ihre Kunden sie als Helfer erkennen und nicht zuschnappen. Ihre markante Zeichnung erfüllt dabei den Zweck einer Uniform.

Im Meer aber wird das Rot als Erstes absorbiert. Ab einer Tiefe von zehn Metern ist es nicht mehr zu sehen. Ein Zackenbarsch, der sich an schattigen Plätzen wie Höhlen oder unter Überhängen versteckt, wird für seine Umgebung geradezu unsichtbar. Das knallige Rot ist also eine perfekte Tarnfarbe. Dazu tragen auch die „auffälligen" blauen Punkte bei, weil sie die Konturen des Fisches auflösen – ähnlich wie die Streifen des Zebras oder die dunklen Flecken von Geparden und Leoparden.

Ähnliches gilt für den Rotmeer-Wimpelfisch: Ein einzelnes Tier ist, aus unmittelbarer Nähe betrachtet, mit seinen kräftigen gelben, schwarzen und weißen Streifen ziemlich auffällig. Schwimmen die Fische aber im Schwarm im freien Wasser, löst sich durch die Streifen ihre Gestalt beim Anblick aus ein paar Metern Entfernung vollständig auf.

Manchmal geht es aber tatsächlich gerade darum, gesehen und erkannt zu werden. An einem so dicht bevölkerten Ort kommt es zwangsläufig zu vielen Begegnungen. Da kann es wichtig sein, den anderen Bewohnern zu signalisieren, mit wem sie es zu tun haben.

Verschiedene Arten kleiner Putzerfische bestreiten ihren Lebensunterhalt, indem sie andere Fische, auch deutlich größere Raubfische, von Parasiten befreien.

Sie haben richtige Putzstationen eingerichtet, an denen die großen Fische artig warten, bis sie an der Reihe sind. Bei ihrer Arbeit schwimmen die Putzerfische ihren Kunden in die Kiemen und ins geöffnete Maul. Für diese Symbiose ist es wichtig, dass die Putzerfische tatsächlich auch als nützliche Helfer erkannt werden. Ihr Aussehen mit den markanten Längsstrei-

Nicht jeder will auffallen: Die Maidenschläfergrundel ist ein Beispiel für die vielen kleinen Rifffische, die eher unauffällig daherkommen.

fen auf farbigem Grund hilft ihnen dabei. Diese intensive Beziehung geht selbst dann nicht in die Brüche, wenn ein Betrüger das Vertrauen der großen Fische ausnutzt. Der falsche Putzerfisch (*Aspidontus taeniatus*) sieht den echten Putzerfischen nicht nur ähnlich, er verhält sich auch so, wenn er an einer Putzstation auftaucht. Nähert sich dann ein Fisch, der gesäubert werden will, beißt er ihm blitzschnell Fleischstücke aus dem Körper. Diese Art der Täuschung kann aber nur funktionieren, wenn sie die absolute Ausnahme bleibt.

Fast noch wichtiger als eine Erkennung durch Freunde und Feinde ist aber die Wiedererkennung innerhalb der Art: In dem Gewusel an Farben und Formen einen Partner der eigenen Art zu finden, ist gar nicht so einfach. Dabei helfen eindeutige Muster und Farbmarkierungen. Ganz besonders deutlich wird das bei den Falterfischen, einer bunten, großen Familie der Riffbewohner. Eine Studie der australischen James Cook University hat gezeigt, dass bei sehr nah verwandten Falterfischarten, die am Riff direkt nebeneinander leben, die Farbunterschiede am größten sind. Das könnte damit zusammenhängen, dass es für diese besonders wichtig ist, sich voneinander abzugrenzen, um einer Hybridisierung, einer Durchmischung der Arten, vorzubeugen. Viele Arten im Korallenriff sind also vermutlich bunt, um sich von den vielen anderen bunten Arten abzuheben.

Doch nicht jeder hat das nötig. Was leicht übersehen wird: Auch am Riff leben neben den vielen strahlenden Schönheiten sehr viele Arten, die klein und unscheinbar sind. Grundeln zum Beispiel, Schleimfische und Kardinalbarsche, die es nur selten ins Aquarium schaffen. Nach Beobachtungen in Australien, Belize und Französisch-Polynesien schätzen Forscher, dass die kleinen Fische fast 60 Prozent der am Riff gefressenen Fischmasse ausmachen. Das liegt an der extremen Vermehrungsrate der kleinen Arten; zum Teil erneuern sich die Populationen siebenmal im Jahr. Ohne diese Masse der kleinen Fischchen könnte es also das bunte Riff in all seiner Vielfalt überhaupt nicht geben.

Ein Licht in der Dunkelheit

Während es für die Bewohner des Korallenriffs darum geht, im lichten, bunten Gewimmel den Überblick nicht zu verlieren, haben die Geschöpfe der Tiefsee ein ganz anderes Problem: Sie müssen Nahrung und Partner in Eiseskälte und völliger Finsternis finden. In der Tiefsee ist Fotosynthese unmöglich. Es gibt also keine Pflanzen, von denen die Tiefseebewohner sich ernähren können. Eine wichtige Nahrungsquelle ist stattdessen sogenannter Meeresschnee. Aus den oberen Wasserschichten rieseln ständig Pflanzenreste, Exkremente und Tierkadaver nach unten in die Tiefsee, die dort verwertet werden können. Die andere Möglichkeit ist, sich über einen anderen Tiefseebewohner herzumachen. Und das beste Mittel, um andere Lebewesen in der Dunkelheit anzulocken, ist Licht. Schätzungen zufolge sind etwa 90 Prozent der Tiefseebewohner auf die eine oder andere Weise in der Lage, Licht zu produzieren.

Ein bekanntes Beispiel für diese Fähigkeit sind die Anglerfische. Die Weibchen dieser Familie haben angelähnliche Fortsätze über dem Kopf, an deren Spitze viele Bakterien sitzen, die leuchten. Die Fische sind in der Lage, dieses Licht an- und auszuschalten und können auf diese Weise Beute oder auch Partner anlocken. Einige Arten der Anglerfische haben eine ganz besondere Lösung gefunden, um einen einmal

Anglerfische nutzen leuchtende Bakterien, um in der Dunkelheit der Tiefsee Beute und Partner zu finden. Hat sich einmal ein Paar gefunden, wächst das viel kleinere Männchen am Weibchen fest.

gefundenen Partner nicht gleich wieder zu verlieren. Die Männchen sind um ein Vielfaches kleiner als die Weibchen, zum Teil werden sie nur sechs bis zehn Millimeter groß und zählen damit zu den kleinsten Wirbeltieren überhaupt. Wenn nun ein solches Anglerfischpaar sich gefunden hat, dockt das Männchen an dem Weibchen an. Mit der Zeit wachsen Haut und Blutkreislauf der beiden Tiere zusammen. Das Männchen kann nicht mehr eigenständig Nahrung aufnehmen, sondern wird wie ein Embryo von dem Weibchen mitversorgt. Es ist zwar auf Gedeih und Verderb von seiner Partnerin abhängig. Aber immerhin besteht so nicht mehr die Gefahr, dass einer in der ewigen Dunkelheit verloren geht.

Wenn das Meer leuchtet

Auch an der Wasseroberfläche gibt es Arten, die in der Lage sind, aus sich selbst heraus zu leuchten. Anders als die Experten der Finsternis treten sie aber nicht einzeln, sondern manchmal in riesigen Gruppen auf. Die Rede ist von sogenannten Dinoflagellaten. Zu dieser Gruppe, die sich weder den Tieren noch den Pflanzen oder Pilzen zuordnen lässt, gehören auch die Algen, die in Symbiose mit den Korallen leben. Rund 2400 Arten sind bislang bekannt. Und einige von ihnen verursachen das sogenannte Meeresleuchten: ein intensives blaues oder grünes Licht, das man in manchen Nächten in der Brandung sehen kann. Durch Berührungsreize senden die Algen Lichtsignale aus. Sie sind so klein, dass man einzelne mit bloßem Auge nicht gut erkennen kann. Kommen aber sehr viele im bewegten Wasser der Brandung zusammen, entsteht der zauberhafte Eindruck, das Meer selbst würde leuchten. Es gibt Vermutungen, dass die Leuchtkraft der Algen Räuber fernhält. Jedenfalls konnte in Versuchen mit leuchtenden und nicht leuchtenden Algen gezeigt werden, dass durch die Biolumineszenz die Prädation tatsächlich verringert wurde. Vermutlich, weil Feinde durch den Lichtblitz abgeschreckt werden.

Am häufigsten zu beobachten ist das Phänomen der leuchtenden Meere rund um Indonesien und im nordwestlichen Indischen Ozean, bei Puerto Rico und den Malediven. Immer regelmäßiger kann das Phänomen aber auch in der Nordsee beobachtet werden. Dort ist das Leuchten allerdings ein Warnsignal: Das Meer leuchtet deshalb so schön, weil zu viel Nitrat aus der Landwirtschaft ins Wasser gelangt ist, was dann zu einer starken giftigen Algenblüte führt. So entfaltet das Meeresleuchten vor der eigenen Haustür eine gewisse Symbolkraft. Einerseits zeigt es, was für fantastische lichtgespeiste und lichtspeiende Kreaturen sich im Wasser finden. Es zeigt aber auch, wie wir Menschen mit unserem Tun die fragilen Gleichgewichte der Natur immer stärker aus dem Lot bringen.

Ralf Stork

Verführerische Schönheiten

Weil wir uns von ihrer Farbenpracht und Anmut blenden lassen, schützen wir oft die falschen Schmetterlingsarten. Aber ohne mehr Einsatz für ihre Lebensräume geraten auch die großen, bunten Falter zunehmend in Gefahr.

Flügel wie gemalt: Der Schwalbenschwanz (Papilio machaon) ist der Inbegriff eines Schmetterlings, wie ihn die Menschen lieben.

Der großen Klasse der Insekten stehen die meisten Menschen eher skeptisch bis ablehnend gegenüber: Fliegen und Mücken könnten Überträger gefährlicher Krankheiten sein. Bienen und andere Hautflügler leisten zwar wichtige Dienste als Bestäuber, können uns mit ihren Stacheln aber auch gefährlich werden. Richtig beliebt sind eigentlich nur die Schmetterlinge. Weil sie nicht auf unsere Marmeladenbrote scharf sind, sondern mit ihren papierzarten Flügeln zu duftenden Blüten fliegen, um Nektar zu saugen (es gibt zwar auch Arten wie den großen Schillerfalter, der sich von Aas und Exkrementen ernährt, aber das ist eine andere Geschichte). Und wir mögen sie,

weil sie schön sind: Fast jeder kennt das Tagpfauenauge, mit seinen schwarz, blau und gelb gefärbten Augenflecken. Oder den Schwalbenschwanz, der sein gelb-schwarzes Muster mit blauem Saum und roten Augenflecken auf eine beeindruckende Flügelspannweite von bis zu sieben Zentimetern verteilt. Beim Admiral bilden die weißen Punkte auf den schwarzen Flügelspitzen einen schönen Kontrast zu der ziegelroten Binde. Und beim Trauermantel sind die braunen Flügel aufs Schönste von einem hellgelben Rand und zahlreichen blauen Flecken eingefasst.

„Farbmuster können sich bei den Schmetterlingen aus ganz unterschiedlichen Gründen entwickelt haben. Sie können Tarnfarbe, Warnfarbe oder Schreck-farbe sein oder eine Rolle bei der Paarung spielen", sagt Thomas Schmitt, Direktor des Senckenberg Deutschen Entomologischen Instituts in Müncheberg östlich von Berlin und Professor für Entomologie an der Universität Potsdam. Die Raupen des Jakobskraut-bären zum Beispiel ernähren sich bevorzugt vom Ja-kobs-Greiskraut, dessen Giftstoffe sie in ihren Körpern einlagern. Die rot-schwarze Färbung der Schmetter-linge ist also eine gut gemeinte Warnung an potenzi-elle Fressfeinde: Achtung, ungenießbar! Auch Augen-flecken dienen zur Abschreckung von Fressfeinden. Im richtigen Moment präsentiert, können diese die Flecken für die Augen von deutlich größeren Tieren halten. Den kurzen Moment der Verwirrung nutzen die Schmetterlinge dann, um zu entkommen.

Am Rand von Müncheberg liegt das Naturschutz-gebiet „Gumnitz und Großer Schlagenthinsee". Die Flächen gehören dem Naturschutzbund Deutschland (NABU), seit mehr als 20 Jahren werden die ausge-dehnten Wiesen am Rande eines Torfstichs naturnah gepflegt. „Die Gumnitz ist einer der besten Schmetter-lingsplätze in der Nordhälfte Deutschland. Mehr als 50 Tagfalterarten und Hunderte verschiedene Arten von Nachtfaltern und Kleinschmetterlingen kommen hier vor." Wenn man durch die licht stehenden knie-hohen Gräser streift, bekommt man schnell einen Eindruck von dieser Vielfalt. Immer wieder blitzen einzelne Blüten in Lila, Weiß und Gelb durch das Grün. Und egal, wo man hinkommt, überall sind da Schmetterlinge.

Die Schönen und die Unsichtbaren

Als eingefleischter Entomologe hat Schmitt ein Schmetterlingsnetz dabei. Mit zielsicherem Schwung fängt er die Falter ein, holt sie vorsichtig aus dem

Blühende Gräser, Kräuter und Blumen sind für viele Insektenarten überlebenswichtig – die schönen wie die unauffälligen.

Hübsch, aber nicht prächtig: Der Braunkolbige Braun-Dickkopffalter (*Thymelicus sylvestris*) gehört eher zu den unscheinbaren Vertretern seiner Gattung.

Netz heraus und lässt sie wieder fliegen, nachdem er sie bestimmt hat. Bei einem kurzen Spaziergang kommen so 17 verschiedene Arten zusammen, viele Kleinschmetterlinge und Nachtfalter nicht mitgezählt: Ein Baumweißling ist dabei, ein großer Falter, dessen weiße Flügel mit schwarzen Adern durchzogen sind. Glänzend grüne Ampfer-Grünwidderchen, Bläulinge in verschiedenen Farbstufen und ein Rotrandbär, dessen blassgelbe Flügel von einem roten Saum eingefasst und in der Mitte mit einem roten Fleck betupft sind.

Vor allem aber fängt Schmitt drei unterschiedliche Arten von Scheckenfaltern; mittelgroße Schmetterlinge mit einer braunen Grundtönung und Mustern in gedeckten Farben. Hübsch anzusehen, aber nicht ganz der Prototyp eines wunderschönen, farbenprächtigen Schmetterlings.

Mit einem auffälligen und bekannten Schmetterling wie dem Admiral (*Vanessa atalanta*) wirbt es sich leichter für den Artenschutz als mit Nachtfaltern.

„Es gibt ungefähr 3000 Schmetterlingsarten in Deutschland. Nur ein Bruchteil davon ist wirklich groß, bunt oder farbenprächtig", sagt Schmitt. Zu den Schmetterlingen zählen eben nicht nur die Tagfalter, sondern auch alle Nachtfalter und Kleinschmetterlinge. Die Fixierung der Menschen auf wenige große, spektakuläre Arten kann da durchaus problematisch sein. Wenn das Gros der Schmetterlinge den Menschen unbekannt oder egal ist, stört sich auch keiner daran, wenn es den Arten immer schlechter geht.

So gab es an der Mosel vor Kurzem einen Aufschrei, weil die nur dort vorkommende und außerdem sehr schöne Unterart des Apollofalters auszusterben drohte. Das Land Rheinland-Pfalz stellte deshalb rund 160 000 Euro zur Verfügung, um den Schmetterling zu retten. Dass ähnlich viel Geld für den Erhalt einer weniger schönen und weniger sichtbaren Art – eines Nachtfalters zum Beispiel – ausgegeben würde, ist eher unwahrscheinlich.

„Die Menschen wollen in der Natur vor allem das schützen, was sie besonders schön finden. Das ist zwar nachvollziehbar, aber ökologisch nicht immer sinnvoll", sagt Schmitt. Mit zwei Kollegen hat er im Sommer 2021 im Fachblatt „Biodiversity and Conservation" einen Artikel veröffentlicht, in dem es um den Zusammenhang zwischen europäischem Schutzstatus und Schönheit von Schmetterlingen geht. Darin machen die Forscher deutlich, dass charismatische Arten – solche, die groß, bunt, schillernd und/oder besonders geformt sind – überdurchschnittlich oft den höchsten europäischen Schutzstatus genießen. Und das, obwohl für viele dieser Arten keine besondere Gefährdung vorliegt.

Beispielsweise der Große Feuerfalter und der Osterluzeifalter. Beide sind charismatische Arten – groß und farbenprächtig – und nach Anhang der europäischen FFH-Richtlinie streng geschützt. Auf der Roten Liste Europas aber werden beide als „ungefährdet" eingestuft. Außerdem liegt ihr Verbreitungsschwerpunkt außerhalb der EU. Die Maßnahmen zu ihrem Schutz helfen auch nicht dabei, besonders gefährdete Lebensräume zu erhalten. Auch wenn sich Politiker

und Öffentlichkeit vermutlich schnell auf die Schutzwürdigkeit der schönen Schmetterlinge einigen können – der ökologische Wert solcher Maßnahmen bleibt eher überschaubar.

Dabei ist Schutz dringend geboten. Vielen Schmetterlingen geht es schlecht. Rund 40 Prozent der Tagfalterarten in Deutschland gelten als ausgestorben oder bestandsgefährdet. Nur 31 Prozent sind derzeit noch ungefährdet, weitere 11 Prozent stehen auf der Vorwarnliste. Insgesamt sind bei rund 60 Prozent der heimischen Arten die Bestände in den vergangenen Jahrzenten zurückgegangen.

Vielfalt als Voraussetzung

Das hat auch damit zu tun, dass es in Deutschland immer weniger Orte wie die Gumnitz gibt. Schmitt deutet auf die Wiesen, die links und rechts von einem leicht erhöhten Wald gesäumt werden. „Solche extensiv bewirtschafteten Wiesen gab es früher zu Hauf in Deutschland. Heute sind sie die absolute Ausnahme. Das sehen wir dann auch am Rückgang der Arten". Im Naturschutzgebiet werden die Flächen nicht gedüngt und nur einmal im Jahr gemäht. Im Vordergrund stehen hier keine landwirtschaftlichen Erträge, sondern allein die Schmetterlinge und andere Arten: Man sieht viele Heuschrecken und Libellen und immer wieder Zauneidechsen, die sich vor den Menschen in Sicherheit bringen. Anders als im intensiv genutzten und gedüngten Grünland, wo eine Handvoll durchsetzungsstarker Pflanzenarten die ganze Fläche beherrscht, sind die extensiven Wiesen weit vielfältiger. Die mageren Böden sind je nach Relief mal feuchter, mal trockener, mal nährstoffreicher, mal ärmer, mal sonniger, mal schattiger. In diesem Mosaik an Lebensräumen fühlen sich verschiedenste Pflanzen wohl und in der Folge dann eine Fülle an Tieren.

Schmitt weiß, dass nicht jede Wiese so wie die Gumnitz aussehen kann. „Erst mal geht es darum, die wenigen extensiv genutzten Wiesen und Weiden, die es noch gibt, zu erhalten und dauerhaft zu schützen. Auch eine zusätzliche Extensivierung an geeigneten Orten wäre wünschenswert, sagt Schmitt. In einem

zweiten Schritt wäre es dann wichtig, die guten Flächen miteinander zu vernetzen. Auch Blühstreifen, die am Rande eines konventionellen Ackers stehen, sind dabei nützlich. Zumindest können Sie als Trittstein oder Nektartankstelle dienen und so helfen, dass die Schmetterlinge und andere Arten von einem geeigneten Lebensraum in den anderen wechseln können. Aus Schmitts Sicht ist es deshalb unerlässlich, dass die Landwirte mehr Geld für solche konkreten Umweltleistungen erhalten, und nicht – wie bisher – einfach pauschale Prämien je nach Größe der Flächen.

Auf dem Rückweg flattert noch ein Hartheu-Spanner vorbei – ein weißer Falter mit schwarzen Adern – für den Laien sieht er dem Baumweißling ziemlich ähnlich. Ein schöner Schmetterling, der an vielen Orten Brandenburgs bereits sehr selten geworden ist. Das Beste, was man zu seinem Schutz und zum Schutz all der anderen Falter tun könnte, wäre, sich gerade nicht auf die einzelnen Arten zu kaprizieren, sondern die Lebensräume als Ganzes zu schützen und zu fördern.

Vielleicht sind wir Menschen aber so gestrickt, dass wir dafür das Vehikel Schönheit brauchen. Und das lässt sich ja durchaus nutzen, wenn es gelingt, den Schönheitsbegriff so zu weiten, dass ein ganzer Ort mit seiner überbordenden Vielfalt auch unscheinbarerer Arten in ihn hineinpasst. Auf den Schmetterlingswiesen an der Gumnitz funktioniert das schon ziemlich gut.

Pflanzen

Die Kaiserin trägt
Dunkelgrün, die
Hofdamen tragen
Pastelltöne: Klei-
dung in kräftigen
Farben galt lan-
ge Zeit als Status-
symbol.

Von Natur aus bunt

Andrea Mertes

Farbstoffe spielen in der Natur eine wichtige Rolle: Pflanzen locken mit Ihrer Hilfe Bestäuber an und betreiben Fotosynthese. Tiere erkennen sich an den Farbmustern ihrer Felle und Gefieder. Für den Menschen haben Farben vor allem schmückende und symbolische Funktionen. In der Natur fand er die Vorlagen dafür.

Die Welt ist bunt. Und der Mensch als ihr Bewohner hat sehr früh angefangen, mit Erdfarben seine eigene Welt zu erschaffen. Die Höhlenmalereien der Altsteinzeit – etwa die Tiere an den Wänden der Höhle Chauvet-Pont-d'Arc in der französischen Region Ardèche – zeigen, dass der Mensch schon zu Beginn seiner Entwicklung das Bedürfnis hatte, sich mithilfe von Farben auszudrücken. Dabei verwendeten die ersten Künstlerinnen und Künstler anfangs fein gemahlene Erde und Mineralien, etwa roten Ocker und Feuersteine, die sie mit Pflanzensäften oder tierischem Fett vermengten. Im Laufe der Jahrhunderte wurden dann immer mehr natürliche Farbstoffe entdeckt.

Vergleichsweise jungen Ursprungs ist dagegen das Färben von Fasern oder Geweben mit Pflanzenfarbstoffen. Die ältesten gefärbten Gewebereste haben sich im trockenen Wüstenklima Ägyptens erhalten und stammen aus der Zeit um 3000 vor Christus. Eine der Farben, die auf ihnen identifiziert wurde, ist Krapp. Der rote Farbstoff stammt aus den Wurzeln des krautig wuchernden Färberkrapps. Zum Färben weicht man die Wurzel der Pflanze zuerst einen Tag lang in Wasser ein, danach kommt sie gemeinsam mit den Textilien ins Färbebad, dessen Wasser langsam erhitzt wird. Mit solchen Färbepflanzen wurden an vielen Orten der Welt früh experimentiert: Auch in den Mooren Nordeuropas wurden gefärbte textile Reste gefunden, die aus germanischer Zeit stammen.

Farbe als Statussymbol

Doch die Produktion von Färbemitteln war mühsam, das Ergebnis dadurch so kostbar wie teuer. Nur ein kleiner Personenkreis konnte sie sich leisten. Ent-

sprechend wurden Farben zum Statussymbol und im Mittelalter zum Kennzeichen der sozialen Gliederung in der ständischen Hierarchie. Sabine Struckmeier beschreibt das in ihrem Beitrag „Farben mit Geschichte", veröffentlicht in dem Band *Chemie unserer Zeit*, ausführlich. Sie schreibt: „Die höfische Gesellschaft trug leuchtende und tiefe Farbtöne, die als Zeichen der Vor-

Gefährliche Farbe: Der synthetische Farbstoff „Schweinfurter Grün", der bis 1882 für Tapeten und Kleider verwendet wurde, enthielt den giftigen Stoff Arsen.

Purpur war so aufwendig herzustellen, dass die Farbe Königen, Kaisern und hohen kirchlichen Würdeträgern vorbehalten war.

Das Haus einer Purpurschnecke. Ihre Drüsen lieferten den wertvollsten Farbstoff der Welt.

nehmheit galten. Hörige und Unfreie dagegen trugen Kleidung mit gebrochenen Farbtönen, wie grau und braun, häufig auch ungefärbte Woll- und Leinenkleidung. Sie galten als Zeichen der niederen Herkunft." Farbe konnte Struckmeier zufolge auch Ausdruck eines engen Dienst- oder Gefolgschaftsverhältnisses sein, wenn Lehnsleute und Ministeriale trotz ihres hohen gesellschaftlichen Standes die Farben eines adligen Herren trugen. Daraus entwickelten sich im Laufe der Zeit die Amtstrachten und Uniformen.

Außerdem, so die Autorin, diente Farbe der Ausgrenzung gesellschaftlicher Randgruppen: „Unehrliche Handwerker' wie Henker und Abdecker, aber auch fahrendes Volk, Aussätzige und Prostituierte wurden durch farbige Attribute gekennzeichnet. So beschloss zum Beispiel der Kölner Rat im Jahr 1389, dass Dirnen rote Schleier oder Kopftücher tragen sollten. Die ‚Judentracht', meist bestehend aus einem gelben, spitzen Hut und einem gelben, runden Judenfleck, wurde in den christlichen Ländern während der Kreuzzüge im 12. und 13. Jahrhundert eingeführt. Das Hoch- und Spätmittelalter ist die Hochzeit dieser ‚Zwangstrachten'."

Schöne und leuchtende Farben – wie etwa Purpur oder Lapislazuli – blieben über die Jahrhunderte hinweg extrem teuer und damit den Reichen vorbehalten, den Geistlichen, Königen und Kaisern. Einfache Menschen dagegen färbten ihre Kleidung kaum. So erklärt es André Karliczek, wissenschaftlicher Mitarbeiter am Institut für die Geschichte der Naturwissenschaften, Medizin und Technik, in einem Gespräch mit dem Deutschlandfunk: „Die Palette der Farben ist viel geringer gewesen und eben auch die Leuchtkraft. Naturfarben für Kleidung – die gelben, roten und blauen Töne – lieferten meistens nur sehr stumpfe Töne." Deshalb war es eine Sensation, als der Apotheker Carl Wilhelm Scheele im Jahr 1768 ein synthetisches Grün entdeckte, das später als Schweinfurter Grün einen Siegeszug durch Wohnungen und Mode antrat. Endlich konnten sich auch weniger privilegierte Menschen eine satte, kräftige Farbe leisten. Doch im Schweinfurter Grün steckte ein Problem: Die Farbe enthält Arsen. Näherinnen klagten ebenso über

Beschwerden wie Kopfschmerzen und Übelkeit wie Menschen, deren Wohnungen mit Tapeten in Schweinfurter Grün ausgestattet waren. 1882 wurde die Farbe in Deutschland verboten.

So wechselhaft und voller Zu- wie Unfälle die Geschichte der Farben ist, so beständig ist die Technik ihrer Herstellung. Naturfarbstoffe sind grundsätzlich pflanzlichen oder tierischen Ursprungs. Die färbenden Komponenten stammen von Wurzeln, Stängeln, Blättern, Beeren, Blüten sowie von Insekten und Schalentieren. In einigen Fällen wurden auch tierisches Fett, Fischleim oder sogar Blut verwendet.

Schneckendrüsen und Kuh-Urin

Einer der wertvollsten Farbstoffe – bereits seit der Antike – ist natürlicher Purpur. Die ursprüngliche Methode zur Purpurherstellung geht auf die Phönizier zurück und war extrem aufwendig. Um die Wolle für eine einzige Tunika zu färben, benötigte man das Sekret von 10 000 Purpurschnecken. Die Drüsen der Tiere wurden herausgeschnitten, für einige Tage in Salz gelagert und dann so lange in Urin gekocht, bis nur noch ein Konzentrat übrigblieb – eine mühselige und zeitaufwendige Prozedur. Da erstaunt es nicht, dass lediglich Kaiser, Könige und später kirchliche Oberhäupter Gewänder in Purpurrot trugen. Die Möglichkeit, den Farbstoff synthetisch herzustellen, wurde erst zu Beginn des 20. Jahrhunderts entdeckt. Heutzutage ist der teure Originalfarbstoff nur noch sehr selten im Einsatz, meist für religiöse Zwecke wie etwa zur Färbung von Gewändern für das jüdische Oberrabbinat oder bei der Restaurierung von ursprünglich mit Purpur gefärbten Stoffen.

Fast genauso wertvoll wie Purpur war Safrangelb. Im alten China durften nur der Kaiser und buddhistische Mönche den Farbton tragen. Er wurde aus den

Im alten China war es neben dem Kaiser nur den buddhistischen Mönchen erlaubt, Safrangelb zu tragen. Orange Farbtöne tragen die Ordensmänner bis heute, Safran wird dafür nicht mehr verwendet.

Blick auf das Gerberviertel von Fès in Marokko: In den Becken wird nach traditionellen Methoden Leder gegerbt und gefärbt.

Stempelgefäßen des Safrans gewonnen, ein im Herbst blühendes Krokusgewächs. Zwar brauchte man für 100 Gramm der Fäden 8000 Blüten, dafür hat Safran eine äußerst starke Färbekraft.

Ebenfalls Gelb, aber tierischen Ursprungs, ist Indischgelb, das aus Tierschutzgründen heute nicht mehr hergestellt wird. Die Originalfarbe gewann man aus dem Harn indischer Kühe. Diese wurden bei reduzierter Flüssigkeitszufuhr mit Mangobaumblättern gefüttert. Aufgrund pathologischer Stoffwechselprozesse und Nährstoffmangel schieden die Tiere dann einen intensiv gefärbten Urin aus. Man konzentrierte diesen durch Erhitzen, wobei sich der gelbe Farbstoff abschied. Die Ausbeute betrug etwa 50 Gramm pro Tag und Kuh, der Farbton liegt zwischen Butterblumengelb und Safrangelb. Das echte Indischgelb wurde in der Malerei verwendet und war zwischen dem 16. und 19. Jahrhundert ein beliebtes Gelbpigment der Kunstmalerei in Indien, wurde aber auch nach Europa exportiert, wo es beispielsweise der holländische Barockmaler Jan Vermeer für sein Gemälde „Frau mit Waage" verwendete.

In Mittel- und Südamerika wurde schon zur Zeit der Azteken Schildläuse genutzt, um aus ihnen den Farbstoff Cochenillerot – oder Karmin – herzustellen. Zur Extraktion der Karminsäure werden die Tiere gekocht, der Farbstoff anschließend gefällt, filtriert und getrocknet. In Europa gewann man aus verwandten Lausarten das unechte Cochenillerot oder Kermes. Textilfunde aus einem Fürstengrab der Älteren Eisenzeit zeigen, dass die Kermes-Färberei bereits in prähistorischer Zeit bekannt war. Die Verwendung des Scharlachfarbstoffs war im antiken Griechenland und Rom als eine etwas kostengünstigere Alternative zu dem kostbaren Purpur aus der Purpurschnecke geläufig. Cochenille ist heute als ungiftige Kosmetik- und Lebensmittelfarbe in Gebrauch.

Eine weitere Farbe, die über die Jahrhunderte nicht an Beliebtheit verloren hat, ist Blau – eine Farbe, die in vielen Kulturen für die Göttlichkeit steht. Bis zum Aufkommen synthetischer Farbstoffe nutzte man das Gestein Lapislazuli und ein Mineral namens Azurit. Aber auch Pflanzen kamen zum Einsatz, in Europa zum Beispiel der heimische Färberwaid, auch deutscher Indigo genannt, nach seinem kräftig blauen Farbstoff. Ab dem 15. Jahrhundert kam dann die deutlich ergiebigere Indigopflanze aus Indien nach Europa und der lukrative Waidanbau verlor an Bedeutung. Was blieb, war die Küpenfärberei, einer der ältesten bekannten Färbeprozesse: Küpenfarbstoffe wie Indigo sind wasserunlöslich und müssen deshalb über einen chemischen Prozess umgewandelt und in eine wasserlösliche Form gebracht werden.

Die Geschichte des Blaumachens

Das klingt in der Theorie recht unspektakulär, ist in der Praxis jedoch eine Sache, die bestialisch stinkt. Zumindest unter mittelalterlichen Bedingungen. Denn wo man heute mit Natronlauge und Hydrosulfit verküpt, musste in den frühen Färbereien mangels anderer bekannter Alternativen das herhalten, was heute im Abwasser landet: Urin. Die Färber warfen zermahlene und dann wieder getrocknete Blätter in einen großen Bottich – Küpe genannt – und: pinkelten darauf. Zusammen mit Pottasche löste der Urin in einem Gärprozess den Farbstoff aus dem Blattmaterial. Nach drei Tagen konnte man in dieser Brühe schließlich Stoffe färben; der endgültige Farbton wurde erst beim Trocknen sichtbar. Wie unappetitlich dieser tagelange, faulige Prozess war, kann man sich vorstellen. Kein Wunder, dass die Menschen im Mittelalter den Färbereien einen Platz am Rand der Ortsgemeinschaften zuwiesen. Der Ausdruck „blaumachen" stammt übrigens vermutlich aus dieser Zeit – als Metapher für das gemächliche Abwarten des Färbevorgangs.

Ein weiterer wichtiger tierischer Farbstoff kommt aus dem Meer und stammt von Tintenfischen. Noch heute wird aus ihren Tintenblasen der Farbstoff „Sepia" gewonnen. Er besteht aus hochkonzentriertem Melanin, dessen Spektrum von Rot über Braun bis hin zu Schwarz reicht. Nach Trocknen der Blasen wird ihr Inhalt zur Tintenherstellung pulverisiert und je nach Rezept weiterverarbeitet.

Erst seit dem 18. Jahrhundert stellen Menschen Farbstoffe auch künstlich her. Dadurch hat sich die Anzahl der verfügbaren Farben stark erhöht. Inzwischen können Zehntausende verschiedene Nuancen produziert werden. Zudem ist die Haltbarkeit synthetischer Farben oft höher und ihre Herstellung – dank moderner Technologien und Verarbeitungssysteme – kostengünstiger. Kein Wunder also, dass diese künstlichen Farben den natürlichen den Rang abgelaufen haben. Wer lieber ökologisch, vegan und auch noch mit regionaler Ware färben möchte, hat ein kleines Problem: Derzeit gibt der Markt dafür wenig her. Doch das könnte sich ändern, wie Untersuchungen im Rahmen des Förderprogramms Nachwachsende Rohstoffe des Bundesministeriums für Ernährung, Landwirtschaft und Verbraucherschutz (BMELV) ergeben. Standortproben, die sowohl in Thüringen als auch in Brandenburg durchgeführt wurden, zeigen das Potenzial, in Deutschland Färbepflanzen in hoher Qualität und zu Marktpreisen in der Landwirtschaft zu produzieren. Nach heutigem Kenntnisstand sind danach 19 Pflanzenarten für den großflächigen Anbau und die effiziente Bereitstellung von Naturfarbstoffen geeignet. Es sind: Brennnessel, Dost, Färber-Resede, Färberhundskamille, Färberknöterich, Färberscharte, Kanadische Goldrute, Krapp, Rainfarn, Saflor, Tagetes, Waid und Wiesenflockenblume.

Um Textilien zu färben, müssen Farben wasserlöslich sein. Viele blaue Farbstoffe sind dies nicht und müssen deshalb zuerst einen chemischen Prozess durchlaufen.

Monika
Offenberger

Porträt: Rosskastanie

Im Laufe der Evolution haben Pflanzen die Kommunikation mit ihren fliegenden Samenboten perfektioniert. Duft und Farben haben dabei wichtige Signalwirkung.

Wer sich nicht selbst fortbewegen kann, muss ein Transportmittel benutzen und angemessen dafür bezahlen. Das gilt in menschlichen Gesellschaften ebenso wie in der Natur. Besonders Pflanzen sind bei der Ausbreitung von Pollen, Samen und Früchten auf Hilfe angewiesen. Viele Bäume überlassen ihren Blütenstaub einfach dem Wind. Doch dieser scheinbar kostenlose Service ist in Wahrheit teuer erkauft. Denn der größte Teil des Pollens verfehlt sein Ziel und ist verloren.

Die Mehrzahl der Blütenpflanzen setzt deshalb auf fliegende Boten wie Bienen und Hummeln, aber auch Käfer, Motten, Vögel und Fledermäuse. Die lassen sich ihre Dienste mit süßem Nektar vergüten. So profitieren beide von dem Deal. Fossilien weisen darauf hin, dass die Zusammenarbeit von Blütenpflanzen und Bestäubern vor rund 120 Millionen Jahren begann und bis heute immer neue Formen hervorgebracht hat.

In der langen Zeit ihrer gemeinsamen Entwicklung – Biologen sprechen von Koevolution – haben die Partner ihre Kommunikation optimiert. So bilden Pflanzen, die von Käfern bestäubt werden, in der Regel weiße oder matt gefärbte Blüten, die stark nach Früchten oder Aas riechen. Denn Käfer sehen schlecht, haben aber einen ausgeprägten Geruchssinn. Weil Motten und Fledermäuse meistens bei Dunkelheit nach Nahrung suchen, sind die von ihnen bestäubten Blüten unauffällig und verströmen ihren Duft nur nachts. Bei Pflanzen, die auf Kolibris und andere Vögel angewiesen sind, verhält es sich umgekehrt: Ihre Blüten sind groß und bunt, aber geruchlos.

Sind sie dann erfolgreich bestäubt, geben sie deutlich zu erkennen, dass sie keine weiteren Botendienste mehr in Anspruch nehmen wollen und daher auch keinen Nektar mehr anbieten. Das lässt sich sehr schön an unserer Rosskastanie beobachten, deren Signalsystem frappierend an Verkehrs-Ampeln erinnert: Die je nach Art weißen oder rosaroten Blüten haben in der Mitte anfangs gelb gefärbte Saftmale, in denen der Nektar produziert wird. Nach der Bestäubung ist damit Schluss; zugleich schlägt die Farbe nach Rot um. Das Stoppsignal wirkt: Tatsächlich werden rote Blüten nicht mehr von Bienen & Co. angeflogen.

Eindeutiges Farbsignal: Nur in gelb gefärbten Blüten wird Nektar produziert.

Porträt: Pollia-Beere

Christian Jung

Eine Beere macht blau: Diese exotische Frucht zeigt die stärkste je bei einem Organismus gefundene Reflexion.

Die Vorstellung davon, was Farbe auslösen und sein kann, dürfte sich ändern, wenn man das erste Mal auf *Pollia condensata* trifft. Wohl kein anderes Naturmaterial wirft dem Betrachter ein derart intensives Farbspiel entgegen wie die Frucht der tief im afrikanischen Regenwald lebenden Pflanze: Ein unbeschreiblich brillierendes Blau nebst Beigaben von metallisch blitzendem Grün und Violett; irisierende Perlen zu einem doldenartigen Blütenstand aufgetürmt.

Ausgelöst wird das beinahe unwirklich erscheinende Schillern der Beeren nicht durch Farbpigmente, sondern durch unterschiedliche Mikrostrukturen in den äußeren Zellwänden der Früchte. Diese „Strukturfarben" entstehen durch parallel verlaufende, in mehreren Lagen geschichtete Zellulosefasern. Jede der fünf Nanometer dünnen Schichten – rund ein Zehntausendstel der Dicke eines menschlichen Haars – ist gegenüber der darunterliegenden ein wenig versetzt oder auch verdreht angeordnet.

Fällt Licht auf diese spiral- oder schraubenförmige Struktur, wird es je nach Anordnung und Drehung der Mikrofasern in einer bestimmten Polarisationsrichtung und Wellenlänge reflektiert. Da die Strukturen der Zellwände nicht überall exakt identisch sind, kommt es zu unterschiedlichen Lichtreflexionen. Jede einzelne Zelle erzeugt also andere Farbnuancen – ein Novum, das bisher nur bei *Pollia condensata* entdeckt wurde.

Zudem ist eine Beere mit einer durchscheinend glatten Haut überzogen. Dicke Schichten eingelagerter Fettbausteine lösen diesen Lack-Effekt aus –

Natur oder lackiert? Glänzende Fruchtknolle der *Pollia condensata.*

auch dies ungewöhnlich, normalerweise findet man solcherart angeordnete Lipidtropfen nicht in den Zellwänden.

Wie so vieles jedoch, das von außen hübsch zu betrachten ist, fällt auch hier das Innere mau aus. Der schöne Schein reicht der Pflanze, um mit vergleichsweise niedrigerem Energieaufwand die Verbreitung ihrer Samen zu sichern. Zwar fressen Vögel das Fruchtfleisch nicht, schmücken aber ihre Nester mit den brillantblau leuchtenden Früchten, die sie, dem Schillern sei Dank, noch im schummrigsten Dschungel finden.

Dem strahlenden Glanz kann übrigens auch jahrzehntelange Lagerung nichts anhaben. Im Herbarium des *Royal Botanic Gardens* in England befinden sich im Jahr 1974 in Afrika gepflückte und getrocknete Pflanzen, deren Früchte noch genauso strahlen wie das Originalexemplar.

Den Regenbogen essen

Andrea Mertes

Von einer pflanzenbasierten Ernährung profitiert die Gesundheit. Doch was genau gehört auf den Teller? Am besten so viel Farbe wie möglich: Je bunter ein Essen ist, desto mehr Nährstoffe stecken in den Lebensmitteln.

Dass Obst und Gemüse gesund ist und wir täglich fünf Portionen davon zu uns nehmen sollten, hat sich selbst bei eingeschworenen Fleischessern herumgesprochen. Konkret empfiehlt die Deutsche Gesellschaft für Ernährung (DGE), dass wir am Tag fünf Portionen Obst oder Gemüse zu uns nehmen sollten. Wer also täglich Äpfel, Karotten und Kartoffeln verarbeitet, ist auf einem guten Ernährungsweg. Noch besser wäre es, man folgte beim Kochen und Kauen der Devise „Essen nach Farben". Gesundheitsexperten empfehlen, sich durch das gesamte Farbspektrum der verschiedenen Obst- und Gemüsesorten zu futtern. Dabei gilt: Je dunkler, satter oder intensiver eine Farbe ist, desto mehr Nährstoffe stecken in dem Lebensmittel.

Rot, Grün, Orange-Gelb und Blau-Lila: Das sind vier Hauptfarbgruppen der pflanzlichen Ernährung. Diese unterschiedlichen Farben werden von sogenannten sekundären Pflanzeninhaltsstoffen verursacht, erklärt Eva Kerschbaum, Ernährungsberaterin der DGE: „Blüten und Früchte bekommen ihre Farbe von nur wenigen Gruppen chemischer Verbindungen: zum Beispiel durch Anthocyane (zu erkennen an den Farben Rot, Violett, Blau), Carotinoide (Gelb bis Rot), Betalaine (Rotviolett oder Gelb) oder Flavonole (Gelb)." Meist sei die Farbgebung das Ergebnis einer Mischung verschiedener Farbstoffe.

Für die Wirkung der Pflanzenfarbstoffe interessiert sich auch die Medizin. „Im Labor hat sich die sehr positive, gesundheitsfördernde Wirkung farb-

Gilt nicht nur fürs Gewürzregal: Je bunter, desto gesünder.

gebender Substanzen gezeigt", sagt Eva Kerschbaum. So konnten im Labor entzündungshemmende, gefäßschützende, blutzuckersenkende und krebshemmende Effekte beobachtet werden. „Leider konnten diese vielversprechenden Ergebnisse bisher nicht im gleichen Maße in Humanstudien wiederholt werden", führt Kerschbaum aus. Einige Studien wiesen aber darauf hin, dass die einzelnen Stoffe einen synergistischen, das heißt einen sich gegenseitig verstärkenden Effekt haben können, wenn sie miteinander kombiniert werden. Bunt ist also gesund.

Rot macht Appetit

Eine variantenreiche Farbpalette stimuliert aber auch das Essverhalten und die Geschmackserwartung. So wirkt rotes Obst und Gemüse besonders appetitanregend. Denn der Mensch hat im Lauf der Evolution gelernt, dass diese Farbe für reifes und schmackhaftes Essen steht. Eine Erkenntnis, die sich auch Lebensmittelhersteller zunutze machen, wie Alice Luttropp vom Verbraucherverein Foodwatch zu Bedenken gibt: „Die Geschmackserwartung aufgrund einer bestimmten Farbe nutzt die Lebensmittelindustrie, indem sie ihre Produkte zum Beispiel mit Farbstoffen einfärbt", erklärt die Ernährungswissenschaftlerin.

Auch dieser Aspekt gehört zum „Essen nach Farben": Der Markt für synthetisch hergestellte Farbstoffe, die verarbeiteten Lebensmitteln zugeführt werden, ist riesig. Zwar finden auch natürliche Farbstoffe Verwendung, wie etwa das Kurkumin aus der Kurkumawurzel. Doch die im Labor hergestellten Stoffe sind in der Regel intensiver und deutlich billiger; vom Apfelsaft bis zur Zimtschnecke finden sie in ungezählten Produkten Verwendung. Auf den Verpackungen verstecken sie sich hinter E-Nummern: E 129 steht beispielsweise für Allurarot AC, dessen tiefes Rot die Hersteller sowohl einer Erdbeerbrause wie einer Hackfleischsoße beifügen dürfen. Dosenerbsen wiederum werden mit E 142, auch bekannt als Brilliantsäuregrün BS, aufgepeppt. Käserinden leuchten dank des Azofarbstoffs Tartrazin – E 102 – in Gelb-Orange. Das mag gut aussehen, ist aber alles

andere appetitlich: Die meisten synthetischen Farbstoffe werden aus Erdölprodukten hergestellt. Eine Untergruppe sind die sogenannten naturidentischen Farbstoffe, die nach einem natürlichen Vorbild im Labor synthetisiert werden.

Die Psyche mag sich mit solchen Farbnachbauten hinters Licht führen lassen, dem Körper helfen sie nicht. So wie sich einzelne Pflanzeninhaltsstoffe, isoliert und als Nahrungsergänzungsmittel in Kapseln verpackt, ebenfalls nicht grundsätzlich positiv auf die Gesundheit auswirken. Entscheidend für das Immunsystem und die Vitalität sei vielmehr das Zusammenspiel der unterschiedlichen, in den natürlichen Lebensmitteln enthaltenden sekundären Pflanzenstoffe, Vitamine, Mineralstoffe, Bitterstoffe, Enzyme und Spurenelemente, die im Zellverband der Pflanzenstruktur eingebettet sind. Dieser Synergieeffekt kann nicht durch von Menschen hergestellte Pulver, Kapseln oder Presslinge nachgeahmt werden. Luttropps Fazit: „Meine Empfehlung: Essen Sie natürlich und bunt, denn das ist gesund!"

Künstliche Farbstoffe werden oft aus Erdölprodukten hergestellt.

Auf dem Teller wird's bunt

Im Gemüse- und Obstregal herrscht fast das ganze Jahr über üppige Vielfalt. Ein Überblick über die verschiedenen Hauptfarbgruppen und ihre Inhaltsstoffe.

GRÜN

Wo es drinsteckt: Salate, Bohnen, Erbsen, Gurken, grüne Paprika, Avocados, Zucchini, Grünkohl, Spinat, Mangold, Spargel, Brokkoli, Sprossen, grüne Äpfel und Birnen, Limonen, grüne Weintrauben, Kiwis. Außerdem steckt der grüne Pflanzenfarbstoff Chlorophyll in grünen Kräutern wie Basilikum, Petersilie, Dill, Estragon, Kresse und Rosmarin.

Was drinsteckt: Grünes Obst, Gemüse und Kräuter enthalten den grünen Farbstoff Chlorophyll, der bei der Fotosynthese an der Sauerstoffproduktion beteiligt ist. Besonders Wildkräuter enthalten großen Mengen dieses sekundären Pflanzenstoffs, da diese sich ihren Standort selbst wählen und deswegen bevorzugt in sehr sonnigen Standorten wachsen, was die Chlorophyllbildung positiv beeinflusst.

Chlorophyll fördert die Sauerstoffversorgung im Blut und trägt so zur Blutneubildung bei. Grüne Pflanzen sind außerdem reich an Folat, Vitamin K, Kalium, Eisen, Calcium und Beta-Carotin. Zudem ent-

halten viele grüne Obst- und Gemüsesorten den Farbstoff Lutein, der beim Zellenaufbau hilft und die Augen schützt.

BLAU-VIOLETT

Wo es drinsteckt: Auberginen, Rote Bete, Rotkohl, Lolo-Rosso-Salat, Blaubeeren, Brombeeren, schwarze Johannisbeeren, Pflaumen, rote Zwiebeln, Trauben, Feigen. Außerdem sind die blau-violetten Pflanzenfarbstoffe auch in Gewürzen wie Salbei, Thymian, Borretsch und Heidekraut enthalten.

Was drinsteckt: In der Natur weit verbreitet sind Anthocyane, die Obst, Gemüse und Kräutern eine dunkelrote, blau-lila bis schwarze Färbung geben. Sie gehören zu der Gruppe der wasserlöslichen Flavonoide – diese benötigen kein Fett, damit der Körper sie aufnehmen kann. Besonders viele Anthocyane sind in roten Trauben, Heidelbeeren und Brombeeren sowie in Rotkohl und Auberginen enthalten. Zu ihren positiven Gesundheitseffekten zählt die antioxidative Wirkung als Radikalfänger – sie schützen vor Hautalterung und halten zudem die Blutgefäße jung. Auch eine Verbesserung der Sehkraft und des Gedächtnisses wird blau-violetten Obst- und Gemüsesorten nachgesagt.

GELB-ORANGE

Wo es drinsteckt: gelbe Zucchini, gelbe und orangefarbene Paprika, Pastinaken, Kürbis, Karotten, Bananen, (Süß-)Kartoffeln, Mais, Aprikosen, Melone, Ananas, Zitronen, Mirabellen, Sanddorn, Aprikosen, Orangen, Mangos, Mandarinen, Grapefruit, Papaya. Auch in diesen Gewürzen sind Carotinoide enthalten: Kurkuma, Ingwer, Safran und Vanille.

Was drinsteckt: Für die Orange- und Gelbfärbung von Obst und Gemüse sind Carotinoide verantwortlich, vor allem ß-carotin. Auch Carotinoide zählen zu den Antioxidantien, die freie Radikale binden und die Zellen vor oxidativem Stress schützen, der etwa durch UV-Licht entsteht. Sie können das Immunsystem stimulieren, fördern die Verdauung und den Stoffwechsel. Studien deuten außerdem darauf hin, dass der Konsum von Carotinoiden das Risiko für kardiovaskuläre Probleme verringert. Die fettlöslichen sekundären Pflanzenstoffe können vom Körper besonders gut in gegartem Zustand mit Fettzugabe aufgenommen und verarbeitet werden.

In manchen Früchten wie Mangos, Pfirsichen oder Zitrusfrüchten stecken außerdem spezielle Pflanzenstoffe, die sich positiv auf die Atemwege und das Knochenwachstum auswirken. Eine absolute Wunderwaffe ist Kurkuma: Das gelb-orange Gewürz wirkt entzündungshemmend, stärkt das Immunsystem und regt die Verdauung an.

Da die unterschiedlichen Obst- und Gemüsesorten zusätzlich zu den Carotinoiden noch andere gesunde Vitamine enthalten, die zum Teil beim Erhitzen zerstört werden, ist für die Ernährung eine Mischung aus gegartem und rohem Gemüse vorteilhaft.

ROT

Wo es drinsteckt: Tomaten, Chilis, rote Paprika, Rote Bete, Radieschen, Rhabarber, Hagebutten, Granatäpfel, Himbeeren, Erdbeeren, Kirschen, rote Johannisbeeren, Preiselbeeren, Wassermelonen, Cranberries, Kirschen.

Was drinsteckt: Für die Rotfärbung von Obst und Gemüse ist Lycopin verantwortlich, das zur Gruppe der Carotinoide gehört. Lycopinhaltige Lebensmittel wirken anregend und belebend, sie bringen Blut und Herz in Schwung. Deshalb sollten Menschen mit erhöhtem Blutdruck bei Chilis, roten Paprika und Co. zurückhaltend sein. Rote Früchte und Gemüse gelten sogar als Schutz vor Krebs und verlangsamen offenbar Haut- und Zellalterung sowie Gefäßverstopfung, wobei dies noch nicht eindeutig belegt ist. Rote Beeren wie beispielsweise Cranberries schützen zudem vor Entzündungen vor allem im Blasen- und Nierenbereich. Damit der Körper Lycopine besser aufnehmen kann, raten Studien dazu, das Gemüse vorher zu erwärmen oder in Kombination mit Kokosnuss- oder Olivenöl zu essen.

Christian Jung

Schöner Schein mit Sinn

Warum sind die Blumen bunt? Diese Kinderfrage führt mitten hinein in die Welt der Pigmente. Denn das bunte Kleid, das die Evolution der Natur geschenkt hat, nützt den Pflanzen gleich in mehrfacher Hinsicht: als Lockmittel und Schutzmantel.

Wenn der Frühling den Winter in die Flucht schlägt und die Welt in frische Farben taucht, dann ist diese Pracht nichts anderes als ein Produkt der Evolution: auffällig gefärbte oder duftende Blüten, perfekt abgestimmt auf die Bedürfnisse und Fähigkeiten von Bestäubern. Die Pflanzen geben alles, um ihren Blütenstaub gezielt an den richtigen Ort – also zur nächsten Anverwandten – transportieren zu lassen. Und ob Bienen, Hummeln oder Käfer, Fledermäuse oder Vögel: Die für eine Blüte geeigneten Bestäuber lassen sich normalerweise nicht lang bitten und steuern auf der Suche nach Nektar oder Pollen zielgerichtet durch die Blütenpracht. Doch was so leicht scheint, ist hochkomplex: Wer lockt wen wie an – und kann sich das System auch auf veränderte Situationen einstellen?

Die Blütenfarbe ist dabei für viele Tiere das wichtigste Signal. Vögel, sofern überhaupt generalisierbar, werden besonders von roten und orangefarbenen Blüten angezogen, Schweb- und die meisten anderen Fliegen bevorzugen Weiß – zugleich die dominierende Blütenfarbe überhaupt. Hummeln sieht man häufig auf blauen und violetten, Wespen auf hellroten, orangenen und gelben Blüten. Bienen haben ebenfalls eine Vorliebe für Blau; Schmetterlinge wiederum bevorzugen orange, rote, gelbe, violette und pinkfarbene Töne. Außerdem finden sich bei vielen Blütenblättern nur für Insekten und Vögel sichtbare Saftmale im ultravioletten Farbspektrum, die Informationen über Nektarmenge und Qualität liefern.

Ein Kirschbaum in voller Blüte. Doch warum ist die rosa und nicht gelb oder blau?

„Bienen sind äußerst lernfähig", sagt Jürgen Tautz, Bienenexperte an der Universität Würzburg. Sie erkennen zahlreiche Farben und Muster und eignen sich ständig neues Wissen an. Das Vergissmeinnicht beispielsweise ist außen blau und hat innen einen gelben Ring, genau dort, wo auch der Nektar sitzt. Deckt man in einem Experiment den farbigen Ring ab, findet die Biene den Nektar zunächst viel langsamer – stellt sich dann aber darauf ein.

Das Geheimnis der blauen Blume

Obwohl die Bienen häufige und beliebte Bestäuber sind, kommt ihre Lieblingsfarbe in der Natur nur sehr selten vor: Nur rund sieben Prozent aller Blumen weltweit präsentieren sich in Blautönen. Ein internationales Forscherteam der Universität Bayreuth und der Monash University in Australien wollte wissen, warum die Farbe so selten ist und welche Gründe und eventuelle Auswirkungen das hat. Es zeigte sich, dass es energetisch vergleichsweise „teuer" ist, die Farbe Blau zu produzieren und sie deswegen eher selten auftritt. Aber für die, die ihn eingehen, lohne sich dieser Aufwand. Denn blau blühende Pflanzen treffen auf einen relativ großen Kreis an Bestäubern – die Nachfrage übersteigt mithin das Angebot.

Häufig wachsen sie demnach an Orten, an denen es wenig Konkurrenz und verhältnismäßig wenige Bestäuber gibt – etwa in Hochgebirgen wie dem Himalaja oder den Alpen, lautet ein Ergebnis der Erhebung. Hier müssen Pflanzen wie Enzian oder Blauer Mohn besonders auf sich aufmerksam machen, damit jene spezialisierten Bienenarten mit vergleichsweise wenigen Individuen, die mit diesen besonderen klimatischen Herausforderungen zurechtkommen, sie bestäuben.

Eine Rote Mauerbiene labt sich am Vergissmeinnicht. Sie weiß: Der gelbe Ring führt sie direkt zum Nektar.

Rosa und violette Nuancen (l.) werden von Anthocyan-Pigmenten verursacht. Das intensive Blau des Enzians (r.) ist unter Blüten selten, aber bei vielen Bestäubern beliebt.

Nur unwesentlich häufiger als in Blau schmücken sich Pflanzen mit roten Blüten – für uns eigentlich die Signalfarbe schlechthin. Hier wirkt jedoch ein anderer Faktor stark einflussnehmend: das unterschiedliche Sehvermögen von Lebewesen. Bienen etwa nehmen anders als Menschen die Farbe Rot kaum oder als eine Art Grau wahr; entsprechend erfassen sie eine Mohnblüte nicht als rot blühend, sondern identifizieren sie anhand des für uns unsichtbaren ultravioletten Lichts. Andererseits leuchten Beeren, die uns mattschwarz erscheinen, Vögeln häufig hell entgegen, da diese oft noch im UV-Bereich Licht und Farbe erkennen.

Ein internationales Wissenschaftlerteam um Omer Nevo vom Zentrum für integrative Biodiversitätsforschung (iDiv) in Halle, Jena und Leipzig interessierte die Reaktion von Früchtefressern auf Farben. Der Urwaldexperte und Fachmann für chemische Kommunikation und Düfte stellte fest: Früchte, die vor allem von Säugetieren wie Affen verspeist werden, reflektieren im grünen Wellenlängenbereich, während typische Vogelmahlzeiten rote Lichtanteile stärker zurückwerfen. Das passt ins Bild, schreibt Nevo: Vögel hätten ein überlegenes räumliches Farbensehen und erspähten daher die oft kleinen und durchaus versteckt wachsenden Beeren oder Früchte, die aber wegen ihrer leuchtend roten Farben dennoch auffindbar seien. Primaten könnten sich hingegen eher auf ihren Geruchssinn verlassen.

Will man sich als Pflanze fortpflanzen, sollte man sich also zum einen für seine Früchte etwas einfallen lassen. Denn durch das Ausscheiden des Durchverdauten an einem anderen Ort verbreiten sich die Samen. Zum anderen ist es von Vorteil, wenn sich die Farbe der Blütenblätter sowohl vom eigenen Pflanzengrün als auch von der botanischen Nachbarschaft deutlich abhebt: Nur so finden einen die Bestäuber. Deshalb gibt es in der Natur alle möglichen Blütenfarben, aber so gut wie keine grünen Blütenblätter. Denn nur wer auffällt, überlebt.

Ein Schutzmantel aus Pigmenten

Der Wettbewerb um Bestäuber oder Samentransporteure ist aber nicht der einzige Grund, warum Pflanzen Farben tragen. Vor allem Pigmente wie Carotinoide, Flavonoide und Melanin haben neben der Lockwirkung durch die Farbe noch weitere direkte Nutzen für Pflanzen, aber auch für Tiere: Sie schützen insbesondere vor negativen Effekten durch Strahlung oder hochreaktive chemische Elemente. Die Funktionen eines Pigments können dabei breit gefächert sein: So verleiht etwa Melanin Haut, Fell und Federn eine braune oder schwarze Farbe, je nach Menge in unterschiedlicher Intensität; es schützt aber auch vor UV-Licht und spielt eine wichtige Rolle für den Schlaf.

Pigmente sind Moleküle, die je nach Mikrostruktur bestimmte Lichtwellen absorbieren und andere reflektieren. Die unzähligen Farbnuancen und -intensitäten, die sich uns in der Natur zeigen, entstehen vor allem durch Überlagerung verschiedener Pigmente, wodurch verschiedene Farbspektren zurückgeworfen werden.

Weiß ist die häufigste Blütenfarbe (l.) und lockt besonders Schwebfliegen an. Die roten und gelben Pigmente im Herbstlaub (r.) schützen die Blattzellen vor zu intensiver Lichteinstrahlung.

Nehmen wir eine Blütenfarbe als rot, rosa, blau oder lila oder in einigen speziellen Gelbtönen wahr, handelt es sich wahrscheinlich um Anthocyan-Pigmente. Sie zählen zu den Flavonoiden und werden nur in Pflanzen produziert. Auch sie schützen die Pflanze vor UV-Licht und Fressfeinden wie Blattläusen. Für den Menschen sind diese sekundären Pflanzenstoffe aber eher gesund als schädlich. So sind fast alle Obst-, Beeren- und Gemüsesorten – man erkennt es an der Färbung – reich an Flavonoiden.

Carotinoide wiederum sind bekannt als Farbgeber von Karotten, Paprika und Tomaten, doch ihre Palette umfasst weit mehr Substanzen und reicht vom blassgelben Zeaxanthin im Mais bis zum Capsanthin und Capsorubin feurig-roter Chilischoten. Und auch die Flamingos verdanken ihnen ihr rosa Federkleid: über Algen und Krebstiere gelangen die Carotinoide, die nur in Pflanzenzellen produziert werden, in den Körper der Vögel. Die fettlöslichen Pigmente unterstützen das Chlorophyll bei der Fotosynthese; außerdem dienen sie dem Schutz vor dabei freiwerdenden Sauerstoffradikalen. Und im Herbst, wenn der grüne Farbstoff zerfällt, bleiben sie bestehen und lassen das Laub rötlich oder gelblich erscheinen.

Für die ganze Farbenpracht eines Herbstwaldes sind sie allerdings nicht allein verantwortlich. Denn bevor sie ihre Blätter abwerfen, legen viele Bäume in der Wirkung ihrer Pigmente noch einmal nach: strahlend gelb-goldene, leuchtend rote, flammend orange oder satt lila Farben kommen da zum Vorschein. Diese bunte Takelage ist nicht nur bloßes

Abfallprodukt des sich umstellenden Stoffwechsels, wie man lange dachte. Leuchtend rote Farbstoffe etwa schützen den kahler werdenden Baum vor zu üppiger Lichteinstrahlung; viele gelbe Farbpigmente fangen hochreaktive freie Radikale ab und schützen so die Blattzellen. Gesteuert werden die Prozesse über Hormone: Diese überfluten den Baum zu einem bestimmten Zeitpunkt und erreichen mit ihrer Botschaft in kurzer Zeit jedes Blatt. Nachlassende Sonneneinstrahlung und Tagesdurchschnittstemperatur sind an diesem Timing ebenso beteiligt wie Veränderungen im Zuckerstoffwechsel der Pflanze sowie in der Nährstoffzusammensetzung und dem Feuchtigkeitsgehalt des Bodens. Schlagartig wird kein neues grünes Chlorophyll mehr gebildet und es kommen jene Farbstoffe zum Vorschein, die bisher vom Grün überdeckt waren.

Dieser Farbwechsel der Natur im Jahreslauf wirkt offenbar auch auf die Psyche und das seelische Wohlbefinden der Menschen. Das stellte ein Psychologinnenteam aus den USA fest. Bei jährlichen Befragungen erklärte die Mehrzahl der Studienteilnehmer mit Anbruch des Herbstes plötzlich Rot, Orange und Gelb zu ihren absoluten Lieblingsfarben – auch, wenn sie vorher etwa Hellblau oder Flaschengrün viel schöner fanden. Die Forscherinnen dokumentierten parallel fotografisch und durch gesammelte Blätter die Farben der belebten Außenwelt, und es zeigte sich: Die Menschen entschieden sich bei ihrer „Farbwahl" bis in Nuancen hinein für jene Töne, in denen die Bäume ihrer Gegend zum jeweiligen Zeitpunkt leuchteten.

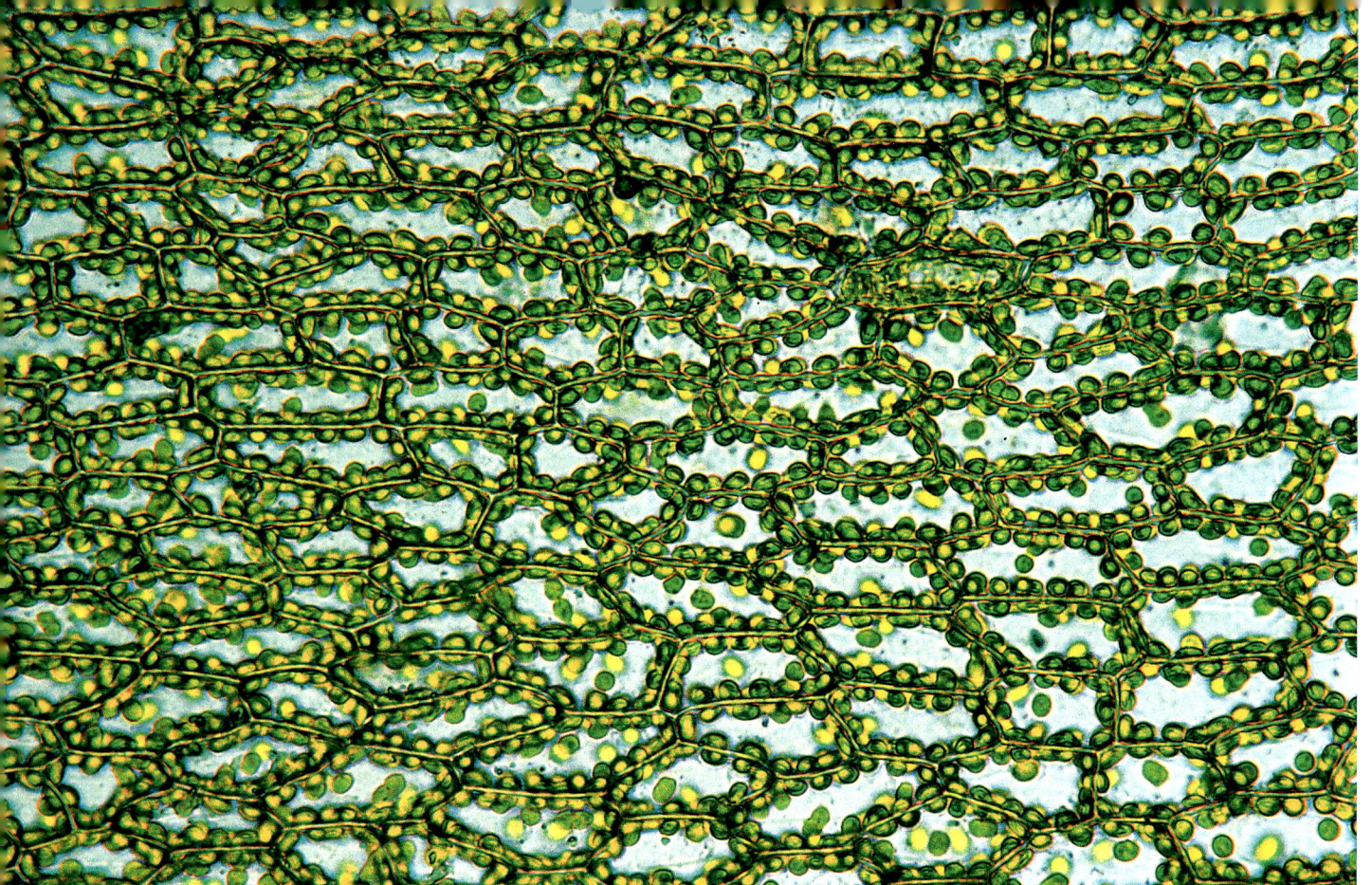

Vom Grün für die Zukunft lernen

Christian Jung

Die in grünen Pflanzen ablaufende Umwandlung von Licht in chemische Energie ist der essenziellste Prozess auf der Erde. Vom Menschen für seine Zwecke angepasste Fotosynthese könnte zahlreiche Probleme mildern: von der Welternährung bis zur Energieknappheit.

Jeder Mensch sollte sich einmal am Tag vor der Sonne verbeugen und danach vor einer Pflanze. Sie selbst tue dies dann und wann, sagt Sallie Chisholm, die seit mehr als einem Vierteljahrhundert am Massachusetts Institute of Technology jene Prozesse erforscht, die zu den grundlegendsten für das Leben auf diesem Planeten zählen. Sie zollt damit dem Respekt, was Pflanzen Tag für Tag leisten: Sie wandeln Sonnenlicht und Kohlendioxid unter Verbrauch von Wasser in Zucker und Sauerstoff um und stellen damit sämtliche organische Moleküle her, die sie für ihr Wachstum benötigen. Eine Energieumwandlung, die einzigartig ist.

Zwingend notwendig dafür ist ein Farbstoffmolekül: Chlorophyll. Es ist das dominierende Pigment auf der Erde und kommt als Chlorophyll a (blaugrün) und Chlorophyll b (gelbgrün) vor. Die Moleküle lagern in den Chloroplasten – kleinen Kompartimenten der Zelle – und sind einander strukturell sehr ähnlich. Für die Fotosynthese nutzen Pflanzen nur das blaue und rote Lichtspektrum, das grüne spiegeln sie zurück.

Der Prozess ist zweigeteilt. In der „Lichtreaktion" nimmt das Chlorophyll Sonnenlicht auf und wandelt es in chemische Energie um. In der anschließenden „Dunkelreaktion" erfolgt die Zuckerproduktion aus dem aufgenommenen CO_2, die Synthese der Kohlen-

Sie können Sonnenlicht in Energie verwandeln: Blattzellen mit Chloroplasten unter dem Mikroskop.

120

hydrate. Auf diese Weise sammeln sämtliche Fotosynthese treibende Organismen global Jahr für Jahr 1350 Terawatt an Energie ein. Die Menschheit benötigt in diesem Zeitraum für all ihre Zwecke etwa 16 Terawatt. Ließe sich die Quelle also gezielt anzapfen, könnte das gleich mehrere der großen Menschheitsprobleme maßgeblich beeinflussen.

Da ist zum einen der Klimawandel: In der Dunkelreaktion wird Kohlendioxid fixiert und damit jenes Gas, dessen Konzentration in der Atmosphäre nach wie vor zunimmt. Um dieses Problem zu lösen, suchen Forscher weltweit nach Antworten auf eine zentrale Frage: Lässt sich die in der Natur unzureichende CO_2-Bindungsfähigkeit der Pflanzen verbessern, und falls ja, wie?

Dadurch würde zugleich mehr Biomasse produziert, und das wiederum eröffnet Chancen, ein anderes drängendes Thema anzugehen: die Ernährungssituation der Weltbevölkerung. Laut Welternährungsorganisation (FAO) muss der Planet im Jahr 2050 schätzungsweise zehn Milliarden Menschen ernähren, während zentrale Ressourcen wie Wasser oder bestellbares Ackerland stetig schwinden. Gelänge es, die Fotosyntheserate vieler Hauptnutzpflanzen zu erhöhen, könnte man die Ernteerträge deutlich steigern.

Um das zu erreichen, arbeiten Forscher und Wissenschaftlerinnen weltweit daran, die Prozesse der Fotosynthese im Detail zu erfassen, zu verstehen, zu verbessern, sie technisch nachzustellen und zu nutzen. Sie züchten heute Pflanzen, die Kohlendioxid effektiver aufnehmen, Algen und Bakterien, die Sonnenlicht in Biotreibstoffe verwandeln oder künstliche Blätter, die Wasserstoff liefern.

Mehr Ertrag durch Effizienz

Ansatzpunkte gibt es genug. Denn Pflanzen setzen von der eingestrahlten Lichtenergie der Sonne im Durchschnitt weniger als ein Prozent in chemische Energie um. So gibt es einen Mechanismus, der die Pflanze bei laufender Fotosynthese vor zu starker Sonneneinstrahlung und damit Lichtintensität schützt. In den Zellen läuft dann eine Reaktion an,

durch die überschüssige Energie in Form von Wärme abgegeben wird. Sobald die Einstrahlung wieder abnimmt, passt sich die Fotosyntheseleistung an – allerdings mit deutlicher zeitlicher Verzögerung.

Einem Team um Stephen Long von der Universität Illinois in den USA ist es gemeinsam mit Forscherkollegen aus Polen und Großbritannien gelungen,

Hirse nutzt eine besonders effiziente Form der Fotosynthese und erzeugt dadurch mehr Biomasse als andere Getreidesorten.

Höhere Temperaturtoleranz, mehr Ertrag: Am Internationalen Reisforschungsinstitut wollen Wissenschaftler Reis mit einer verbesserten Fotosyntheseleistung entwickeln.

diesen Stoffwechselprozess zu optimieren. „Wir haben bei Tabakpflanzen Gensequenzen so verändert, dass die Pflanzen schneller auf Licht- und Schattenwechsel reagieren", erklärt Long. Dadurch ließ sich in Feldversuchen die Biomasseproduktion um 15 Prozent steigern. Derzeit laufen Freilandexperimente mit diversen Nutzpflanzen.

Um nicht nur die Tagesproduktion, sondern auch die Jahresleistung einer Pflanze zu verbessern, identifizierten Pflanzenphysiologen der Humboldt-Universität zu Berlin bei der Ackerschmalwand jene Enzyme, die Synthese und Abbau des Chlorophylls regulieren. Über sie könnte man die Produktion und damit die Menge an vorgehaltenem Chlorophyll steuern, die produktive Phase der Pflanze während des Jahres ausdehnen und die Biomasseproduktion steigern.

Das zentrale Enzym der Fotosynthese heißt „RuBisCo" und ist für die Bindung von CO_2 zuständig. Das Molekül arbeitet allerdings langsam und ineffizient, da es etwa bei jeder fünften Reaktion fälschlicherweise ein O_2- statt ein CO_2-Molekül erwischt. Die Natur hat dafür bereits eine Lösung gefunden: sogenannte C4-Pflanzen wie Mais, Hirse oder Zuckerrohr. Sie entstanden erst während der letzten Eiszeit und entwickelten im Laufe der Evolution die äußerst effektive Form der

C4-Fotosynthese: Die Pflanzen vermögen CO_2 vorzufixieren, also „festzuhalten", erwischen dadurch nahezu alle Moleküle und arbeiten folglich hoch effektiv. So überrascht es nicht, dass die meisten C4-Pflanzen in einer Anbausaison im Vergleich viel mehr Biomasse bilden als C3-Pflanzen wie Weizen, Roggen, Hafer, Tabak und Reis. Des Weiteren tolerieren sie höhere Temperaturen und benötigen weniger Wasser.

Weltweit wird daran gearbeitet, auch C3-Pflanzen diese Vorteile zu verschaffen. Am Weitesten ist man am Internationalen Reisforschungsinstitut IRRI auf den Philippinen und seinen Partnerinstitutionen rund um den Globus, wo man aktuell dabei ist, ein nachgebautes Modell der C4-Fotosynthese in Reis „einzubringen" und die so gezüchteten Pflanzen unter verschiedenen klimatischen Bedingungen zu testen. Erste ermutigende Ergebnisse liegen vor.

Eine andere Möglichkeit ist, das RuBisCo-Enzym zu optimieren oder ganz zu ersetzen. Forscher am Max-Planck-Institut für terrestrische Mikrobiologie in Marburg versuchen dies mithilfe eines viel effizienter arbeitenden CO_2-fixierenden Enzyms, das von Bakterien stammt: die „Crotonyl-CoA Carboxylase/Reduktase". Sie irrt sich bei der Fixierung von CO_2 fast nie und ist etwa 20-mal schneller.

Am Ende wird es wohl nicht eine Lösung, sondern etliche Modelle einer nachgebauten, abgewandelten und für spezifische Zwecke verbesserten Fotosynthese oder von Teilen davon geben, vermutet Tobias Erb, seit 2017 Direktor der Abteilung für Biochemie am Marburger Max-Planck-Institut. Und einige davon würden deutlich besser und effizienter sein als das Original. „Die Natur hat eben nur auf eine Lösung gesetzt und diese im Laufe der Evolution zu optimieren versucht", erklärt der Forscher.

Die Spaltung von Wasser

Die Fotosynthese ist aber auch eine spannende Vorlage für moderne Energietechnik. Begehrlichkeiten weckt vor allem der Wasserstoff, der dabei quasi als Nebenprodukt entsteht. Der große Traum: Nach dem Vorbild der Pflanzen mithilfe von Licht Wasser spalten und so aus zwei im Überfluss vorhandenen Komponenten rückstandsfrei Energie gewinnen.

Seit Längerem wird mit künstlichen Methoden oder Algen experimentiert, die bei der Fotosynthese nicht Sauerstoff, sondern Wasserstoff freisetzen. Eine künstlich hervorgerufene Sauerstoffminimierung lässt in den Algen bestimmte Enzyme aktiv werden, was die sonst ungewöhnliche Abgabe von Wasserstoff ans Gesamtsystem begünstigt. Genau genommen zerlegen die Algen Wassermoleküle aus dem umgebenden Milieu in Wasserstoff und Sauerstoff. Ersterer ist ein Abfallprodukt; der Sauerstoff kompensiert den erzwungenen Mangel.

Forscher und Forscherinnen vom Botanischen Institut der Universität Kiel haben regelrechte Wasserstofffabriken mit Cyanobakterien vor Augen. Erst seit Kurzem weiß man, dass einige der 2000 Arten dieser Gruppe ebenso wie Grünpflanzen und Algen Fotosynthese betreiben. Den Wissenschaftlern gelang es, Hydrogenasen – Enzyme, die aus Wasser Wasserstoff abspalten und freisetzten – an einen Prozess der Fotosynthese zu koppeln. Der Wirkungsgrad sei sehr gut, sagt Nachwuchsgruppenleiterin Kirstin Gutekunst. Der Effekt: Das Cyanobakterium produziert über einen langen Zeitraum immer weiter solaren Wasserstoff.

Doch die für solche Verfahren benötigten Katalysatoren sind giftig oder arbeiten nicht effizient. Ein diese Schwächen umgehendes, semi-artifizielles System haben Katarzyna Sokol von der University of Cambridge und ihre Kollegen entwickelt. Dabei bleiben entscheidende Komponenten des pflanzlichen Fotosynthese-Systems bestehen und werden mit synthetischen Bauteilen kombiniert. So übernehmen Enzyme aus einem Bakterium die chemische Wasserspaltung, eingebaut in eine künstliche Elektrode; die zweite Elektrode ist mit Hydrogenasen aus Algen gekoppelt, die die Protonen (H^+) zu molekularem Wasserstoff (H_2) reduziert. Inzwischen produziert das System verlässlich nachhaltigen Brennstoff.

Durch all diese unterschiedlichen Ansätze ist ein ganzer Werkzeugkasten entstanden, der verschiedene Verfahren und Instrumente für die Entwicklung künftiger Technologien zur biotischen und abiotischen Umwandlung von Sonnenlicht in erneuerbare Energie bereithält. Das Chlorophyll lehrt uns, wie aus unbelebter Materie belebte Strukturen erwachsen können, mit deren Hilfe sich die großen Herausforderungen dieser Zeit womöglich bestehen lassen.

Cyanobakterien als ausdauernde Wasserstoff-Produzenten – das ist das Ziel eines Projektes an der Uni Kiel.

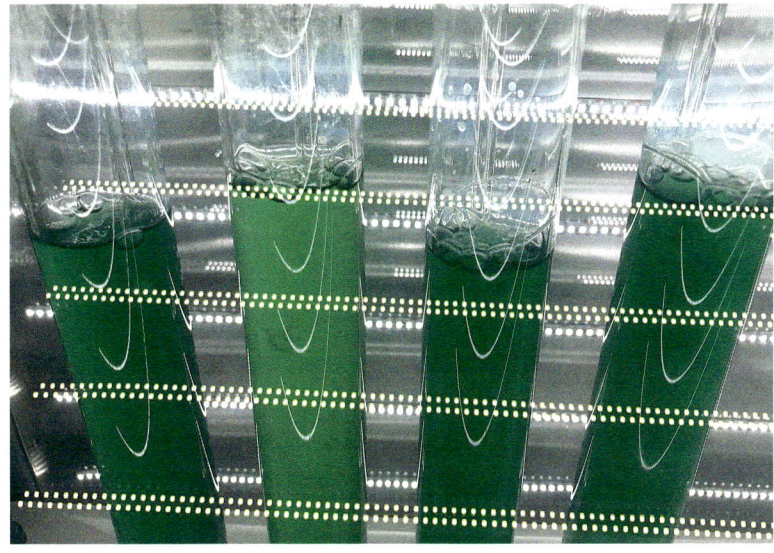

Monika
Offenberger

Flammende Tulpenliebe

Es war die wohl kurioseste Spekulationsblase aller Zeiten: Eine einzige Tulpenzwiebel erreichte im Holland des 17. Jahrhunderts den Wert eines prunkvollen Hauses. Und das nur, weil ein Virus den Blumen eine einzigartige gebrochene Färbung verlieh.

Blumen sagen oft mehr als viele Worte. Zu verschiedenen Anlässen haben sich bestimmte Sorten bewährt: rote Rosen für die Liebste, gelbe Freesien für die Tante, lila Orchideen zum Geburtstag, weiße Lilien aufs Grab. Und Tulpen? Gelten als hübsche Farbtupfer im bunten Strauß. Für sich genommen wirken die duftlosen Kelche zu gewöhnlich, die Stängel zu nackt. „Die Tulpe ist in neuerer Zeit zu einer solch billigen Allerweltsware verkommen, dass wir uns den strahlenden Glanz, der sie einst umgab, kaum mehr vorstellen können", konstatiert Michael Pollan in seinem lesenswerten Buch „Die Botanik der Begierde".

Vor 400 Jahren war man dagegen schier verrückt nach Tulpen. Ihr Name leitet sich übrigens vom tür-

kischen Wort für Turban ab und verweist damit auf ihr Herkunftsland. 1554 ließ ein Gesandter des österreichischen Habsburgerreichs die ersten Tulpenzwiebeln von Konstantinopel, dem heutigen Istanbul, nach Wien schicken. Von dort verbreiteten sich die fremdartigen Blumen über die Fürstenhäuser im Westen Europas und wurden als rare Exoten bewundert und geschätzt. Anfang des 17. Jahrhunderts erfasste die Franzosen eine regelrechte Tulpenmanie, schwappte von dort nach Holland und mündete dort im Herbst des Jahres 1635 in die irrwitzigste Spekulationsblase der Wirtschaftsgeschichte: „In wilder Hast, um nur ja ein Stück vom Kuchen abzubekommen, verkauften die Leute ihre Geschäfte, nahmen Hypotheken auf ihre Häuser auf und steckten ihre sämtlichen Ersparnisse

Tulpenland:
Noch immer sind
die Blumen in
den Niederlanden
wichtige Handels-
ware und werden
in die ganze Welt
verkauft.

in kleine Papierstreifen, die für zukünftige Blumen standen", schreibt Michael Pollan. Die Gier der kopflos bietenden Käufer trieb die Preise in absurde Höhen. Begehrte Sorten wie die *Gheell ende Root von Leyden* oder die *Switsers* steigerten ihren Wert in nur einem Monat um das Zehn- bis Dreißigfache.

Ein Haus für eine Tulpenzwiebel

Die teuerste Tulpe aller Zeiten war die *Semper Augustus*. 1637 wurden für drei Zwiebeln dieser Sorte 30 000 Gulden geboten, das entsprach damals 200 durchschnittlichen Jahreseinkommen. Mit einer einzigen Zwiebel hätte man sich das teuerste Haus in Amsterdam leisten können. Was die *Semper Augustus* für den damaligen Geschmack so unübertrefflich schön und begehrenswert erscheinen ließ, war ihre „gebrochene" Farbe: Auf dem reinweißen Grund ihrer Blütenblätter prangten unregelmäßige Striche in feurigem Karminrot. Es gab verschiedene Sorten mit gebrochenen Farben, und alle wurden teuer gehandelt. Doch in der *Semper Augustus* zeigte sich diese Laune der Natur in ihrer höchsten Vollendung. Der Kontrast zwischen der klar umrissenen, züchtigen Form des Tulpenkopfes und den ungebändigt emporzüngelnden Farbflammen muss auf die damaligen Betrachter eine atemberaubende Wirkung gehabt haben.

Heute können wir der sinnlichen Ausstrahlung dieser geflammten Blüten nur indirekt nachspüren – durch die Augen Rembrandts und anderer zeitgenössischer Maler, die sie auf Leinwand verewigt haben. Die Tulpen selbst existieren nicht mehr, die Sorten sind längst ausgestorben. Schon im 17. Jahrhundert waren nur wenige Exemplare vertreten, und diese Seltenheit machte sie nur umso begehrter. Denn die unregelmäßig gestreiften Tulpen ließen sich nicht ohne Weiteres vermehren. Sie entstanden spontan, zufällig, unvorhersehbar. Wenn unter Hunderten einfarbiger Tulpen ein gebrochenes Exemplar herausstach, konnte man es nur durch seine „Brutzwiebeln" vervielfältigen, die sich als genetisch identische Klone an der Mutterzwiebel bilden. Sät man dagegen die Samen einer Tulpe aus, so verlieren sich die Eigenschaf-

ten der Mutterpflanze. Züchter kennen das Problem: Auch edle Apfel- oder Birnensorten behalten nicht ihre geschätzte Form, Süße und Textur, wenn man sie aus den Kernen auskeimen lässt. Deshalb werden Obstbäume ebenfalls vegetativ vermehrt, indem man Reiser abschneidet und auf wuchskräftige Stämme pfropft.

Die holländischen Blumenhändler versuchten alles, um dem Zufall nachzuhelfen und mehr Tulpen mit gebrochenen Farben hervorzubringen. Manche bepflanzten ihre Beete mit weiß blühenden Tulpen und streuten Farbpulver auf die Erde – in der Hoffnung, es würde mit dem Regenwasser in die Wurzeln und schließlich in die Blüten eindringen. Andere setzten die Zwiebeln besonders tief oder flach oder ließen sie in extrem nährstoffarmer oder -reicher Erde wachsen. Wieder andere experimentierten mit Taubenkot oder Mörtelstaub, den sie von Hauswänden kratzten – ohne Erfolg. Der damals unerklärliche Umstand, dass gebrochene Exemplare weniger und kleinere Brutzwiebeln produzierten als gewöhnliche Tulpen, trieb ihren Preis noch weiter in die Höhe.

Die „Semper Augustus" war die teuerste Tulpe aller Zeiten. Ihre gebrochene Farbe galt in dieser Vollendung als einzigartig.

Schließlich ging der Tulpenwahn ebenso unvermittelt zu Ende wie er begann: Am 2. Februar 1673 findet ein Haarlemer Blumenhändler für eine größere Menge *Switsers*-Zwiebeln keinen Käufer. Er macht immer mehr Abstriche an dem anfangs gesetzten Preis, vergeblich. Das Unfassbare verbreitet sich wie ein Lauffeuer. Binnen Tagen ist der irre Spuk vorbei, die Blase geplatzt und unzählige Händler und Spekulanten standen vor dem Ruin.

Es vergingen noch drei Jahrhunderte, bis das Rätsel um die gebrochenen Farben gelöst war. 1928 konnte die britische Biologin Dorothy Cayley bestimmte Viren als Verursacher ausmachen: Sie gelangen mit dem Speichel von Blattläusen in die Tulpenzwiebeln, vermehren sich dort – daher die geschwächten Brutzwiebeln – und befallen schließlich auch die Blüte. Deren Färbung entsteht durch das Zusammenspiel zweier Farbschichten: Weiße oder gelbe Pigmente sorgen für die Grundierung, die vom kräftigen Blau, Violett und Rot sogenannter Anthocyane überlagert wird. Das Mischungsverhältnis dieser beiden Schichten bestimmt die Farbtönung, die unser Auge wahrnimmt. Das *Tulip Breaking Virus* bewirkt den Ausfall der Anthocyane, sodass in den Blüten stellenweise die helle Grundierung durchschimmert. So entstanden die unvorhersehbaren und nicht wiederholbaren Muster, die jedes Exemplar einer *Semper Augustus* oder *Zomerschoon* zum Unikat machten.

Das Ende der Unikate

Kaum waren die Erreger der gebrochenen Farben bekannt, machte man sich daran, sie auszurotten. Denn im 20. Jahrhundert galten Tulpen nicht mehr als Spekulationsobjekte, sondern als wichtige Handelsware. Die modernen Tulpensorten sollten sich verlässlich reproduzieren lassen. Wo immer sich eine ungewöhnliche Blüte zeigte und auf eine Virusinfektion schließen ließ, wurde sie umgehend vernichtet. Heute ist die Zucht von Viren gebrochener Tulpen gesetzlich verboten. Denn ein Ausbruch der Virusinfektion in kommerziellen Beständen wäre verheerend. Nur wenige historische Sorten haben sich bis heute erhalten und dürfen von lizensierten Züchtern in ge-

La Vente des oignons de tulipe – Der Verkauf der Tulpenzwiebeln. Dieses Gemälde aus dem Musée des Beaux-Arts de Rennes (872.32.8) illustriert die Bedeutung dieser Geschäfte im Holland des 17. Jahrhunderts.

ringen Mengen vermehrt werden. Dazu gehören die seit 1620 kultivierte *Zomerschoon* mit ihren erdbeerfarbenen Strichen auf crèmefarbenem Grund oder die schokoladenbraune *Absalon* mit goldgelben Flammen. Beide Tulpen erblühen Jahr für Jahr im Hortus Bulborum (lateinisch für „Zwiebelgarten") der Stadt Limmen in Nordholland, zusammen mit rund 4000 weiteren historischen Tulpen- und Lilien-Sorten, die so vor dem Aussterben bewahrt werden.

Wer im eigenen Garten gebrochene Tulpen pflanzen will, wird bei den „Rembrandt-Tulpen" fündig: Sie präsentieren sich in ähnlichen Flammenmustern und Farbkombinationen wie die alten Sorten. Allerdings handelt es sich dabei um moderne Züchtungen, deren Farbmuster nicht durch Viren verursacht, sondern stabil von einer Generation an die nächste vererbt wird. Verglichen mit den zarten Flammen der auf Leinwand gebannten Originale wirken ihre Farbmuster klobig – so urteilt man jedenfalls in Kennerkreisen. Daneben gibt es eine riesige Auswahl einfarbiger Tulpensorten. Außer Blau sind alle Farben vertreten und geben den Sorten Namen wie *White Valley, Apricot Beauty, Louvre Orange, Purple Dream* oder *Brown Sugar.* Die rosa Blüten der *Green Wave* tragen gar einen grünen Mittelstreif. Dazu kommen Tulpen mit mehreren Köpfen an einem Stängel oder solche mit gefüllten Blüten wie *Snow Cristal* oder *Queensland,* die mehr einer Pfingstrose als einer Tulpe ähneln.

Und dann sind da noch die schwarzen Tulpen. Ihre Blüten sind nicht wirklich schwarz, sondern glänzen in sattem Kastanienbraun bis Purpur. Auch diese Farbvariante stand bei den Holländern des 17. Jahrhunderts hoch im Kurs, und noch heute sind Sorten wie *Black Parrot, Black Hero* oder *Schwarze Perle* gefragt. Die bislang schönste schwarze Tulpe ist zweifellos die vielfach prämierte *Königin der Nacht.* Wer sie verschenkt, bringt damit seine große Leidenschaft zum Ausdruck. Denn in der europäischen Blumensprache stehen schwarze Tulpen für Sinnlichkeit und Erotik. Doch aufgepasst: In vielen anderen Kulturen gelten sie als Symbol des Todes.

Die Zomerschoon-Tulpe ist eine der letzten historischen Sorten mit gebrochener Färbung, die noch erhältlich sind (links). Heute züchtet man nicht nur Tulpen mit Flammenmustern, sondern auch mit anderen ungewöhnlichen Merkmalen, wie diese Terry-Tulpe mit Fransen (unten). Die „Königin der Nacht" gilt mit ihren dunklen, seidigglänzenden Blütenblättern als die schönste aller schwarzen Tulpen (ganz unten).

Bildnachweis